普通高等教育“十二五”规划教材

C语言程序设计实践教程

主　编　张宝剑　肖　乐

副主编　炎士涛　高国红　李　晔　付俊辉　杨爱梅

中国水利水电出版社
www.waterpub.com.cn

内 容 提 要

本书是与《C 语言程序设计》（甘勇主编，中国水利水电出版社出版）配套使用的学习用书，内容对应于主教材中的每一个章节。本书每章分为程序验证、举一反三和程序实例三个部分。程序验证部分给出了每次上机实验的目的和要求、重点和难点、实验内容和课后思考；举一反三部分针对本章的知识点进行扩展，提供了针对同一问题不同的解决方法和思路；程序实例部分则通过具体实例对知识点内容加以巩固和提高；书后附有全国计算机等级考试（二级 C 语言）简介及 ACM/ICPC 竞赛和在线测试系统介绍。

本书适合作为高校相关课程的实践环节教材，也适合于各种培训和编程爱好者及参加全国计算机等级（二级 C 语言）考试人员的自学参考书。

图书在版编目（CIP）数据

C语言程序设计实践教程 / 张宝剑，肖乐主编. -- 北京 : 中国水利水电出版社，2011.3
普通高等教育"十二五"规划教材
ISBN 978-7-5084-8406-8

Ⅰ. ①C… Ⅱ. ①张… ②肖… Ⅲ. ①C语言－程序设计－高等学校－教材 Ⅳ. ①TP312

中国版本图书馆CIP数据核字(2011)第021130号

策划编辑：雷顺加/向辉　责任编辑：杨元泓　加工编辑：樊昭然　封面设计：李　佳

书　名	普通高等教育"十二五"规划教材 C 语言程序设计实践教程
作　者	主　编　张宝剑　肖　乐 副主编　炎士涛　高国红　李　晔　付俊辉　杨爱梅
出版发行	中国水利水电出版社 （北京市海淀区玉渊潭南路 1 号 D 座　100038） 网址：www.waterpub.com.cn E-mail：mchannel@263.net（万水） sales@waterpub.com.cn 电话：（010）68367658（营销中心）、82562819（万水）
经　售	全国各地新华书店和相关出版物销售网点
排　版	北京万水电子信息有限公司
印　刷	北京市天竺颖华印刷厂
规　格	184mm×260mm　16 开本　10.25 印张　276 千字
版　次	2011 年 3 月第 1 版　2011 年 3 月第 1 次印刷
印　数	0001—5000 册
定　价	20.00 元

前　言

本书针对现代教育教学改革理念，在提高教学效率的同时，力求提高学生综合实践的能力。本书是在作者多年软件开发和 C 程序设计教学实践经验的基础上，根据现代高校教学改革特有的情况及现代计算机教学的规律，收集分析了大量的教学文献，并基于实际应用而编写的。本书可作为与《C 语言程序设计》（甘勇主编）配套使用的学习用书。

本书每章分为程序验证、举一反三和程序实例三个部分。程序验证部分主要针对简单程序设计、C 语言标准库函数、选择结构、循环结构、函数、数组、字符串与字符数组、结构和联合、指针高级应用、位运算和文件等主要知识点，给出每次上机实验的目的和要求、重点和难点、实验内容和课后思考，上机内容中强调基本知识点的掌握和基本技能的训练，思考题则针对程序验证例题，提出了完善和变通题目要求的思考，以加深对知识点的理解。每小节的程序验证例题，均给出了程序流程图、参考程序和针对该题目的分析，有利于进一步理解和掌握相关知识。举一反三部分针对本章的知识点进行扩展，提供了针对同一问题不同的解决方法和思路。程序实例部分则通过具体实例对知识点内容加以巩固和提高。

本书由张宝剑、肖乐任主编，炎士涛、高国红、李晔、付俊辉、杨爱梅任副主编。参加编写的还有尚展垒、张彦伟、王鹏远、沈高峰、范乃梅等。

感谢郑州轻工业学院、华北水利水电学院、河南工业大学、河南科技学院和中国水利水电出版社对本书出版的大力支持。

由于教学任务繁重，加之本书编写时间紧迫，书中难免会出现一些错误和不足之处，在此恳请广大读者批评指正，并提出宝贵意见。

编　者

2011 年 2 月

目　录

第 1 章　程序设计技术概述

通过对教材第 1 章各小节内容的学习，大家应该对程序设计语言的分类及特点、算法的概念及特性，以及软件的编制步骤有了深入的了解。在本章实验中，将结合 Visual C++编程环境，对描述算法的流程图以及利用 Visual C++编制程序的具体实现步骤进行更深入的讲解，通过实例达到彻底掌握该部分内容的效果。

1.1　算法

算法（Algorithm）是一系列解决问题的清晰指令，算法代表着用系统的方法描述解决问题的策略机制。也就是说，能够对一定规范的输入，在有限时间内获得所要求的输出。如果一个算法有缺陷，或不适合于某个问题，执行这个算法将不会解决这个问题。

算法的表示方法有多种，包括自然语言、流程图、N-S 图、伪代码和使用计算机语言描述，其中使用图形较为直观，便于理解，所以也是实际应用最多的一种。流程图由一些特定意义的图形、流程线及简要的文字说明构成，它能清晰明确地表示程序的运行过程，流程图中的主要符号如图 1.1 所示。

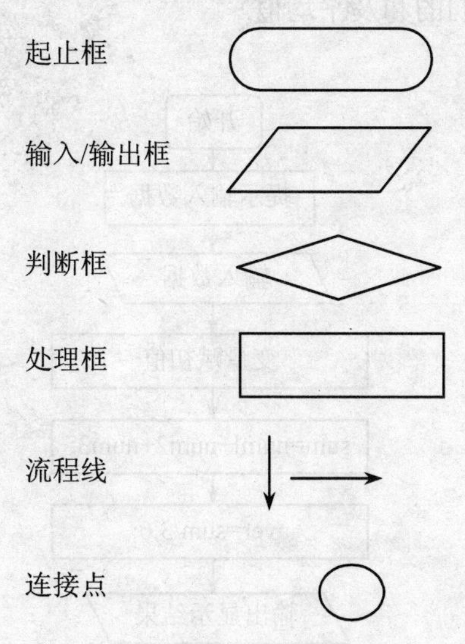

图 1.1　流程图中的主要符号

N-S 图也被称为盒图或 CHAPIN 图，是一种新的流程图，它把整个程序写在一个大框图内，这个大框图由若干个小的基本框图构成，这种流程图简称 N-S 图，其基本结构如图 1.2 所示。

1. 实验目的和要求

（1）了解表示算法的一般方法。

（2）掌握使用流程图描述算法。

（3）掌握使用 N-S 图描述算法。

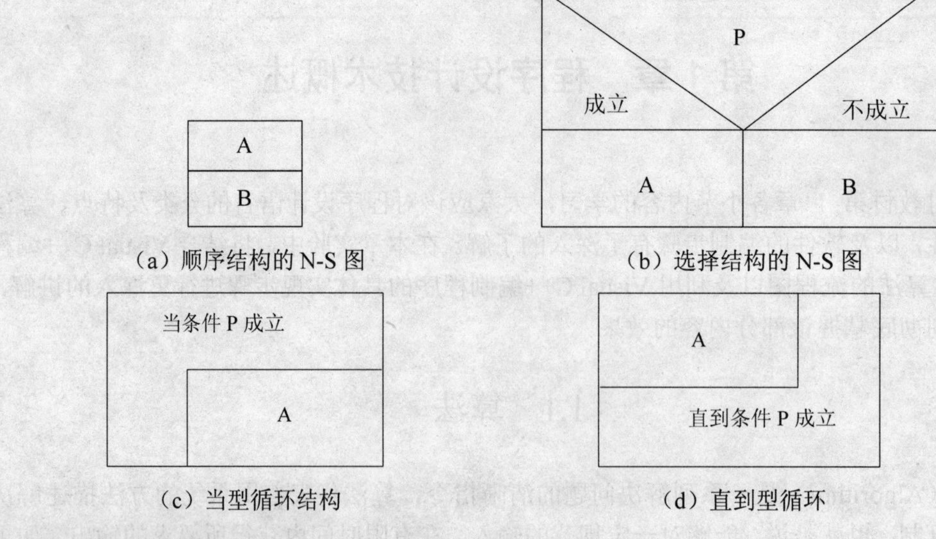

（a）顺序结构的N-S图　（b）选择结构的N-S图

（c）当型循环结构　（d）直到型循环

图1.2　N-S图基本结构

2. 实验重点和难点

（1）各种图形符号的适用条件。

（2）分支结构如何实现。

3. 实验内容

输入任意三个整数，求它们的和及平均值。

流程图如图1.3所示。

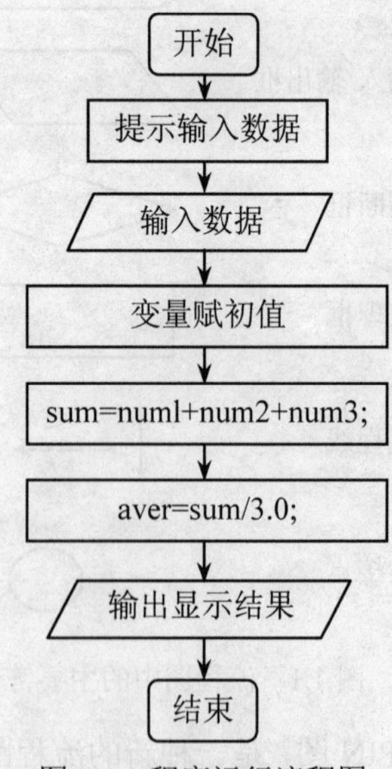

图1.3　程序运行流程图

参考程序

```
#include <stdio.h>
void main()
{
    int num1,num2,num3,sum;
    float aver;
```

```
        printf("Please input three numbers:");
        scanf("%d,%d,%d",&num1,&num2,&num3);  /*输入三个整数*/
        sum=num1+num2+num3;                    /*求累计和*/
        aver=sum/3.0;                          /*求平均值*/
        printf("num1=%d,num2=%d,num3=%d\n",num1,num2,num3);
        printf("sum=%d,aver=%7.2f\n",sum,aver);
    }
```

分析：

该程序是一个典型的顺序结构流程。要得到运算结果，必须先有操作数据，因此程序开始运行时首先在屏幕上打印出提示要求用户输入，用户输入的数据分别存放在三个变量 num1、num2 和 num3 中。通过计算公式得到和及平均值存放在变量 sum 和 aver 中，按照用户要求的格式输出结果即可，程序运行结果如图 1.4 所示。

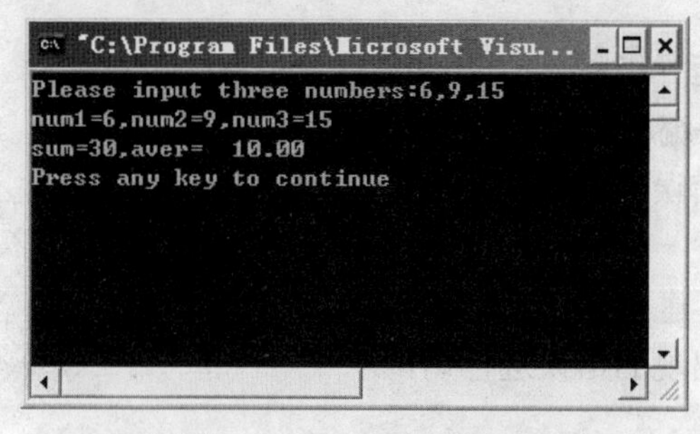

图 1.4　程序运行结果图

课后思考

（1）如果要求用 N-S 图画出流程，应怎样实现？

（2）查阅资料，了解语句#include <stdio.h>的作用？

1.2　Visual C++集成环境

在 Visual C++环境下编程，主要任务是按照题目要求，遵循 C 语言语法规则编写源程序。源程序由字母、数字及其他符号等构成，在计算机内部用相应的 ASCII 码表示，并保存在扩展名为“.C”的文件中。源程序是无法直接被计算机运行的，因为计算机的 CPU 只能执行二进制的机器指令，这就需要把 ASCII 码的源程序先翻译成机器指令，然后计算机的 CPU 才能运行翻译好的程序。

源程序翻译过程由两个步骤实现：编译与连接。首先对源程序进行编译处理，即把每一条语句用若干条机器指令来实现，以生成由机器指令组成的目标程序。但目标程序还不能马上交计算机直接运行，因为在源程序中，输入、输出以及常用函数运算并不是用户自己编写的，而是直接调用系统函数库中的库函数。因此，必须把“库函数”的处理过程连接到经编译生成的目标程序中，生成可执行程序，并经机器指令的地址重定位，便可由计算机运行，最终得到结果。

C 语言程序的调试、运行步骤如图 1.5 所示。

Visual C++是微软公司开发的面向 Windows 的 C++语言工具，它不仅支持 C++语言的编程，也兼容 C 语言的编程，因此 Visual C++被广泛地用于各种编程。这里简要地介绍如何在

Visual C++下实现该程序。

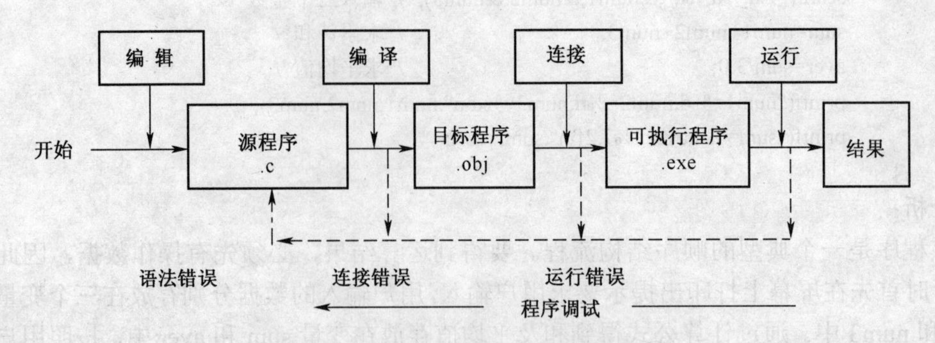

图 1.5 C 语言程序调试、运行步骤图

1. 实验目的和要求

（1）了解程序调试运行步骤。

（2）掌握 Visual C++编程环境。

（3）掌握调试程序错误的步骤和方法。

2. 实验重点和难点

（1）在 Visual C++下建立项目、程序文件。

（2）对程序运行前出现的错误进行调试。

3. 实验内容

在显示器屏幕上输出欢迎文字“WELCOME”。

解题步骤

（1）选择“开始”→“程序”→“Microsoft Visual Studio 6.0”→“Microsoft Visual C++ 6.0”命令，启动 Visual C++，屏幕上将显示如图 1.6 所示的窗口。

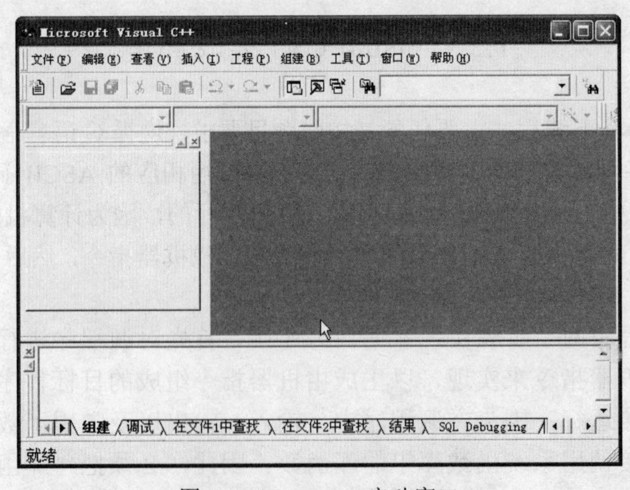

图 1.6 Visual C++启动窗口

（2）选择“文件”→“新建”命令，弹出如图 1.7 所示的新建工程对话框，选择“Win32 Console Application”选项，并在工程名称中写入工程名“1_1”，然后单击“确定”按钮。

（3）在弹出的向导对话框中选择“一个空工程”选项，单击“完成”按钮建立该工程，如图 1.8 所示。

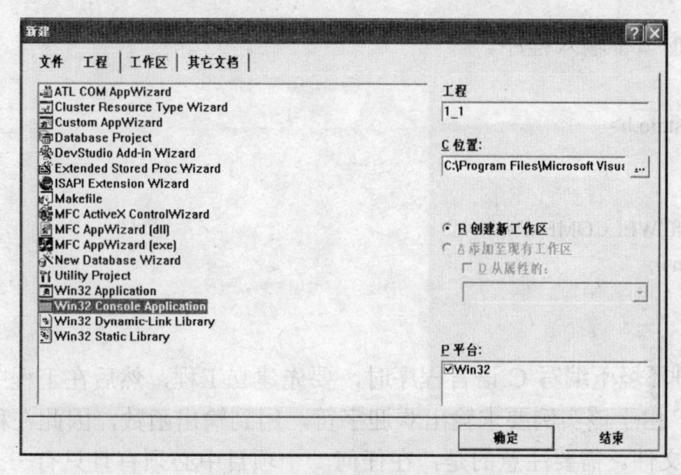

图 1.7　新建工程对话框

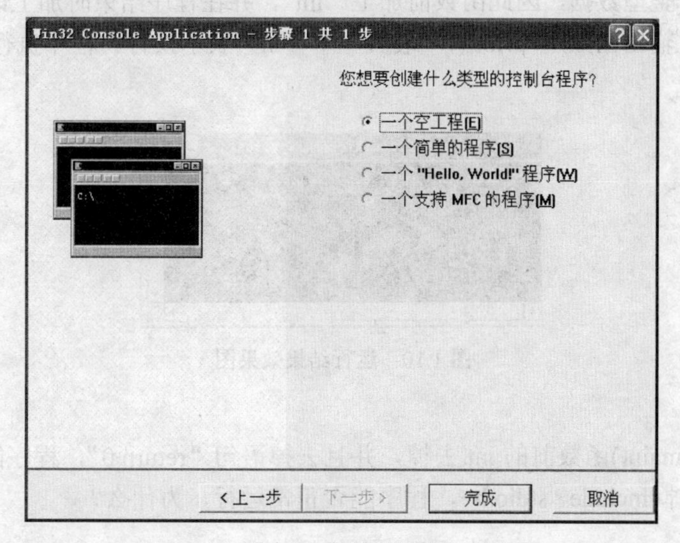

图 1.8　向导对话框

（4）再次选择“文件”→“新建”命令，弹出如图 1.9 所示的新建文件对话框，选择“C++ Source File”选项，并在“文件名”文本框中输入文件名“1_1”，然后单击“确定”按钮。

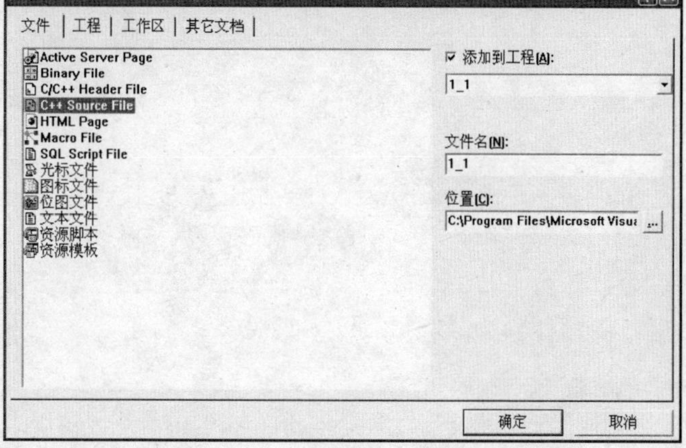

图 1.9　新建文件对话框

（5）在编辑窗口中输入程序。

参考程序

```
#include <stdio.h>
int main()
{
    printf("WELCOME\n");
    return 0;
}
```

分析：

在 Visual C++环境下编写 C 语言程序时，要先建立工程，然后在工程中添加运行程序需要的 C++源文件。由于该实例要求输出欢迎字符，用到输出函数，因此在程序开始位置引入“stdio.h”标准头文件。需要注意的是，在任何一个项目中必须有且只有一个 main()函数，该函数一般返回一个整型数据，因此函数前加上“int”，并在程序结束时加上语句“return 0”表示程序正常结束。输出函数用 printf()，最后一个“\n”表示换行。程序执行后结果如图 1.10 所示。

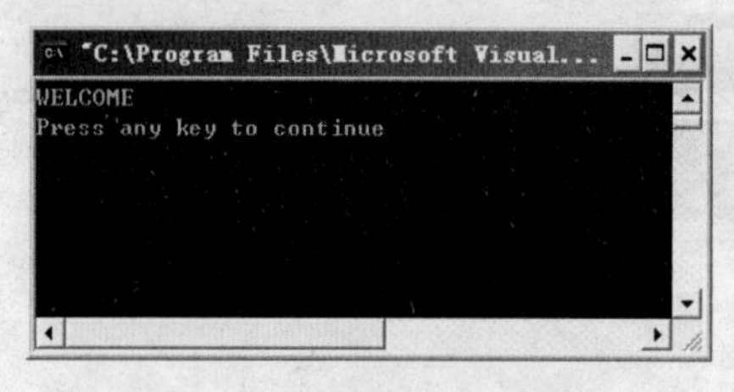

图 1.10　运行结果效果图

课后思考

（1）如果把 main()函数前的 int 去掉，并且去掉语句“return 0”，程序能否正常运行？

（2）如果去掉#include <stdio.h>，程序能否正常运行，为什么？

第 2 章　基本数据类型

2.1　内容回顾

2.1.1　基本数据类型

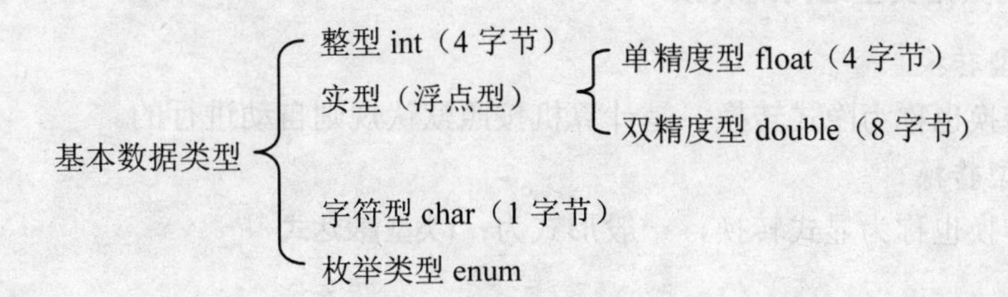

2.1.2　运算符与表达式

1．运算符

运算符：表示各种运算的符号，主要分为以下几类：

- 算术运算符：包括+、-、*、/和%。
- 自增、自减运算符：包括++和--。
- 赋值与赋值组合运算符：包括=、+=、-=、*=、/=、%=、<<=、>>=、^=、&=和|=。
- 关系运算符：包括<、<=、>、>=、==和!=。
- 逻辑运算符：包括&&、||和!。
- 位运算符：包括~、|、&、<<、>>和^。
- 条件运算符：包括?和:。
- 逗号运算符：包括,。
- 其他：包括*、&、()、[]、.、->和 sizeof。

优先级：指同一个表达式中不同运算符进行计算时的先后次序。

结合性：结合性是针对同一优先级的多个运算符而言的，是指同一个表达式中相同优先的多个运算应遵循的运算顺序。分为左结合性和右结合性。

2．表达式

表达式：使用运算符将常量、变量、函数连接起来的式子。主要分为以下几类：

- 算术表达式：用算术运算符和括号将运算对象（也称操作数）连接起来的、符合 C 语法规则的式子。
- 关系表达式：其结果为逻辑值，逻辑值只有两个值，即逻辑真与逻辑假。
- 逻辑表达式：在求解时，只有必须执行下一个逻辑运算符才能求出表达式的值时，才执行该运算符。
- 赋值表达式：一般形式为**变量　赋值符　表达式**

其求解过程如下：

（1）先计算赋值运算符右侧的“表达式”的值。

（2）将赋值运算符右侧“表达式”的值赋值给左侧的变量。

（3）整个赋值表达式的值就是被赋值变量的值。

- 逗号表达式：一般形式为**表达式1,表达式2,…,表达式n。**

  逗号表达式的求解过程是自左向右，求解表达式1，求解表达式2，…，求解表达式n。整个逗号表达式的值是表达式n的值。

- 条件表达式：一般形式为**表达式?表达式2:表达式3**

  条件表达式的操作过程：如果表达式1成立，则表达式2的值就是此条件表达式的值；否则，表达式3的值就是此条件表达式的值。

2.1.3 不同数据类型之间的转换

1. 自动类型转换

自动类型转换也称为隐式转换，是计算机按照默认规则自动进行的。

2. 强制类型转换

强制类型转换也称为显式转换，一般形式为：**(类型)表达式**

2.2 程序验证

1. 实验目的和要求

（1）正确使用各种类型的数据。

（2）掌握各种数据类型的输入、输出形式。

（3）掌握各种运算符和表达式的使用。

（4）掌握不同数据类型之间的转换。

（5）不同数据类型之间可以转换的条件。

2. 实验重点和难点

（1）编写并调试程序。

（2）调试程序的注意事项、上机编写C语言程序的步骤及错误修改。

3. 实验内容

（1）编写程序，已知圆半径radius=1.25，求圆周长和圆面积。

流程图如图2.1所示。

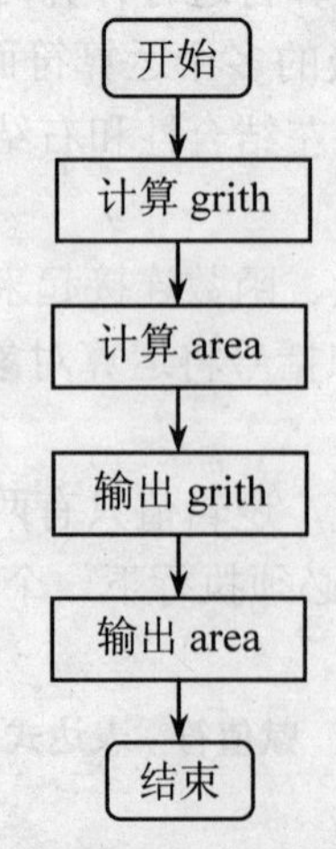

图2.1 程序流程图

参考程序

```
#include<stdio.h>
main()
{
    float   pi=3.14;                   /*圆周率*/
    float   radius=1.25;               /*半径*/
    float   grith=0;                   /*周长*/
    float   area=0;                    /*面积*/
    grith=2*pi*radius;                 /*计算周长*/
    area=0.5*pi*radius*radius;         /*计算面积*/
    printf("grith= % f \n",grith);
    printf("area= % f \n",area);
}
```

分析：

由圆的周长和面积公式：$C=2\pi R$，$S=0.5\pi R^2$ 可知，若要计算圆周长和面积，必须知道圆的半径。题目中已给出其半径为 radius=1.25，注意该数据类型为小数，应定义为 float 或 double，接下来直接将其代入计算公式，进行计算操作就可以了。实验结果如图 2.2 所示。

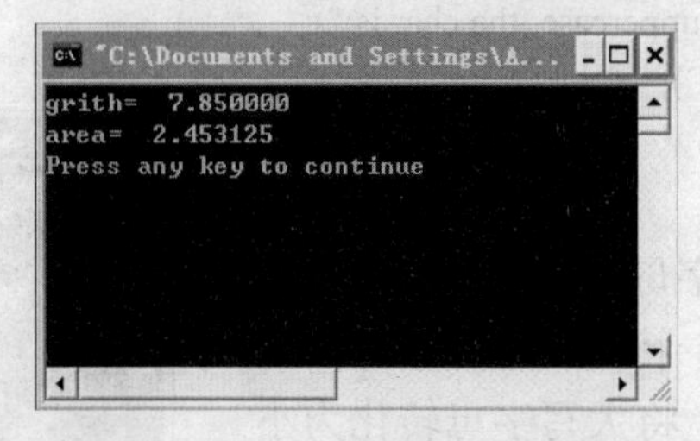

图 2.2　程序运行结果图

（2）编写程序完成单个字母的大小写转换。

流程图如图 2.3 所示。

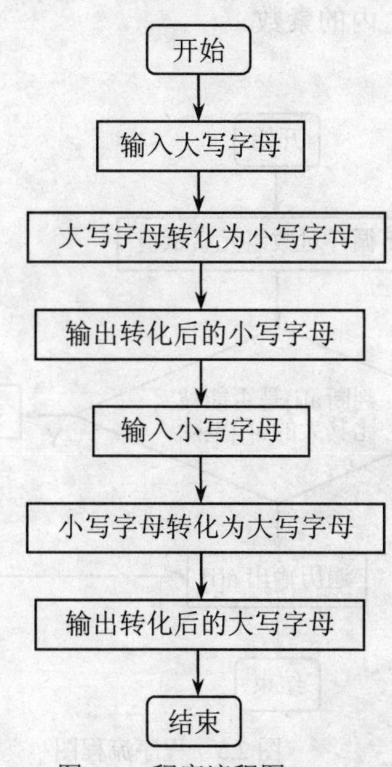

图 2.3　程序流程图

参考实例

```
#include<stdio.h>
main()
{
    char inputLC;            /*输入小写字母*/
    char outputLC;           /*输出小写字母*/
    char inputUC;            /*输入大写字母*/
    char outputUC;           /*输出大写字母*/
    printf("Please input a uppercase char:");
    scanf("%c",&inputUC);
    getchar();
    outputLC=(char)(inputUC+32); /*大写格式转化为小写*/
    printf("After switch to lowercase, the char is:");
    printf("%c\n",outputLC);
    printf("Please input a lowercase char:");
    scanf("%c",&inputLC);
    outputUC=(char)(inputLC-32); /*小写格式转化为大写*/
  printf("After switch to uppercase, the char is:");
  printf("%c\n",outputUC);
}
```

分析：

在 ASCII 码中，大小写字母所对应的整数值之间的差值为 32，可以利用这一特点，进行字母的大小写间的转换，具体过程是：将大写字母转化为小写时，让其加 32；将小写字母转化为大写时，减 32 就可以了。实验结果如图 2.4 所示。

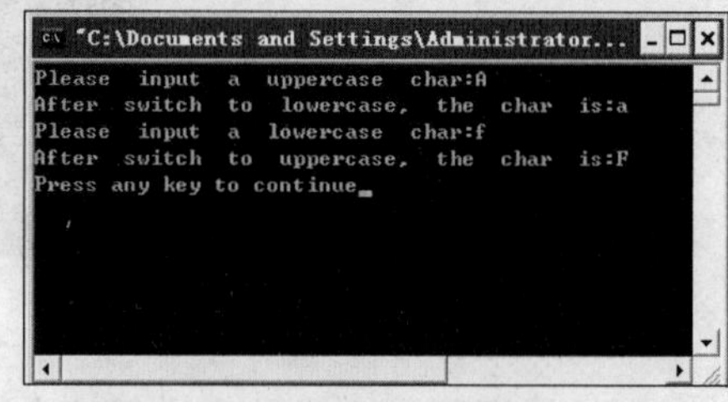

图 2.4　程序运行结果图

（3）编写程序输出 100 之内的素数。

流程图如图 2.5 所示。

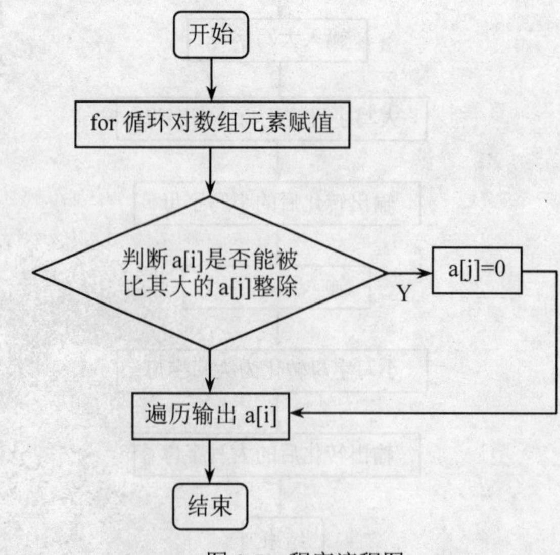

图 2.5　程序流程图

参考实例

```
#include <stdio.h>
#include <math.h>
main()
{
    int i,j,n,a[101];
        for(i=1;i<101;i++)          /*对 a 中各元素赋值*/
    {
        a[i]=i;
    }
      a[1]=0;                       /*去掉 a[1]=1，因为 1 不是素数*/
      for(i=2;i<sqrt(100);i++)
      {
          for(j=i+1;j<100;j++)
          {
              if(a[i]!=0&&a[j]!=0)
              {
                  /*a[j]能被 a[i]整除，说明其不是素数，将其值置 0*/
                  if(a[j]%a[i]==0)
                  {
                      a[j]=0;
                  }
              }
          }
      }
      printf("\n");
      for(i=1,n=0;i<=100;i++)       /*输出 a[i]并限制其显示格式*/
      {
          if(a[i]!=0)
          {
              printf("%5d",a[i]);
              n++;
          }
          if(n==10)                 /*n=10 时换行*/
          {
              printf("\n");
              n=0;
          }
      }
      printf("\n");
}
```

分析：

首先通过 for 循环，把 0～100 保存在数组 a 中。把 a 中不是数组的元素设置为 0，是素数的元素保持不变，这样在最后遍历 a 并输出其不为 0 的元素就得到了 100 之内的所有元素。对于素数的判断，可以使用双重循环获取 a 中的不同两个元素 a[i]、a[j]，并确保 a[j]>a[i]，当 a[j]%a[i]=0 时，a[j]就不是素数，将其值设为 0，以此循环，到最后 a 中的非零元素就是所要的素数。运行结果如图 2.6 所示。

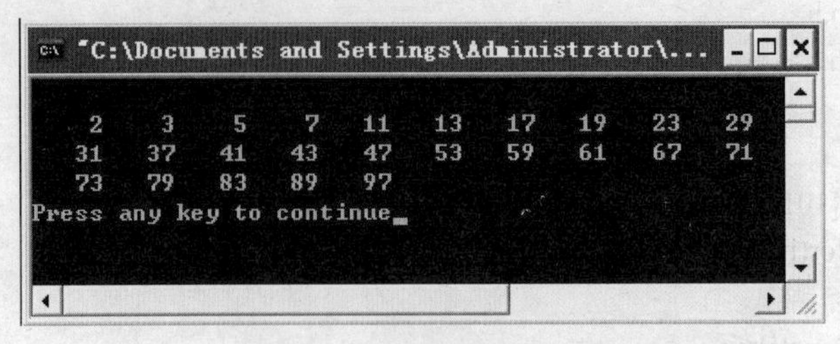

图 2.6 程序运行结果图

课后思考

（1）实验内容（2）中如果不进行 char 与 int 之间的数据类型转换，结果如何？

（2）实验内容（2）中为什么要在代码中添加 getchar()?

（3）请考虑实验内容（3）中为什么要用“a[i]<sqr(100)”限制？

2.3 举一反三

编程实现不同数据类型之间的转换。

```
#include<stdio.h>
main()
{
    int input;   /*所输入的整数*/
    char output1;
    float output2;
    double output3;
    printf("Please input a integer between 0 and 127:");
    scanf("%d",&input);
    output1=(char)input; /*转化为 char 类型*/
    output2=(float)input; /*转化为 float 类型*/
    output3=(double)input; /*转化为 double 类型*/
    printf("The equal case in char is: %c",output1);
    printf("\nThe equal case in float is: %f",output2);
    printf("\nThe equal case in double is:%f\n",output3);
}
```

分析：

（1）该题主要考察数据类型之间的转换，用强制类型转换就可以了。首先定义一个整型数据 intInput，用于接受所输入的整数。输入整数“65”，如图 2.7 所示。

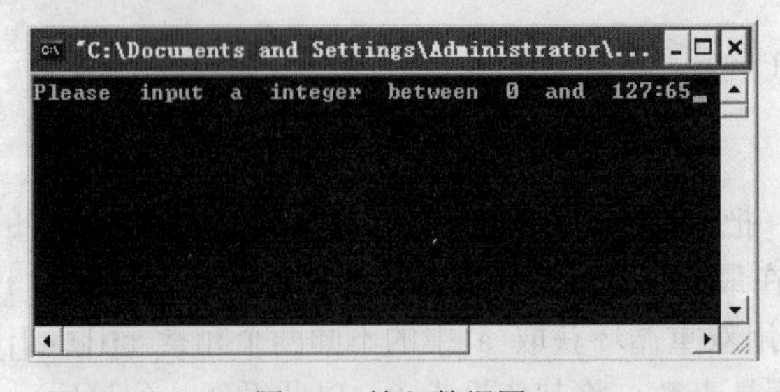

图 2.7 输入数据图

（2）运行结果如图 2.8 所示。

```
"C:\Documents and Settings\Administrator\...
Please  input  a  integer  between  0  and  127:65
The  equal  case  in  char  is: A
The  equal  case  in  float  is: 65.000000
The  equal  case  in  double  is:65.000000
Press any key to continue
```

图 2.8　程序运行结果图

（3）改变数据的输入类型为 char 时，即将代码“int intInput; char output1; printf("The equal case in char is: %c",output1);”改为“char input;int output1;printf("The equal case in interger is:%d,output1)”。输入字符“A”如图 2.9 所示。

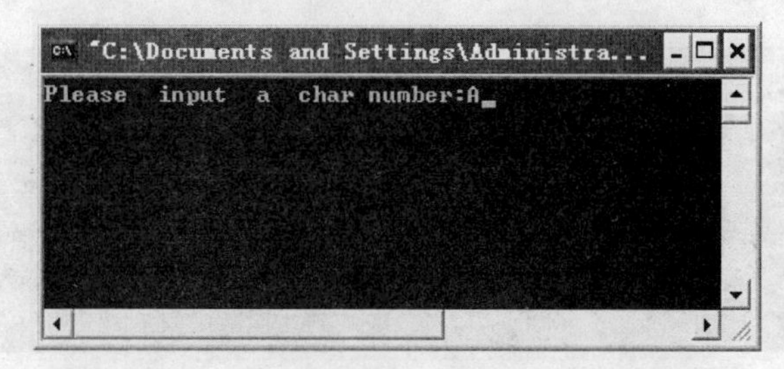

图 2.9　输入字符图

（4）运行结果如图 2.10 所示。

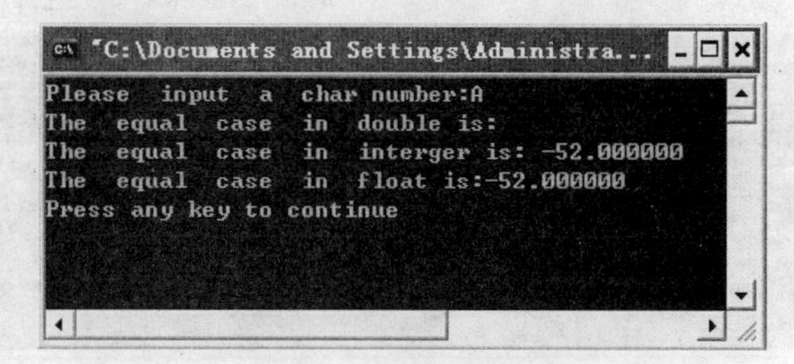

图 2.10　程序运行结果图

（5）改变数据的输入类型为 float 时，即将代码“int intInput; float output2;printf("The equal case in char is: %c",output1);”改为“float input;char output2;printf("The equal case in interger is:%d,output2)”输入字符“65.12”，如图 2.11 所示。

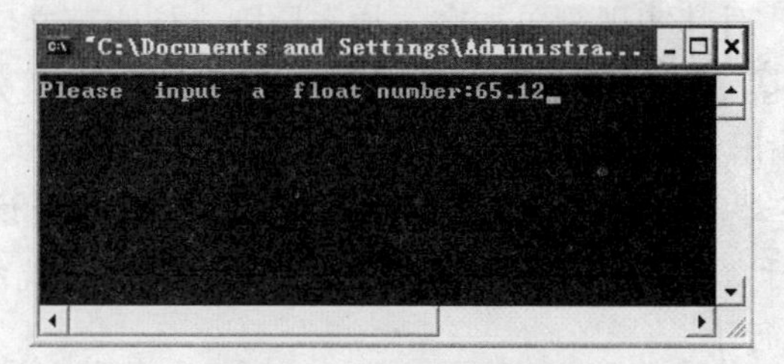

图 2.11　输入数据图

（6）运行结果如图 2.12 所示。

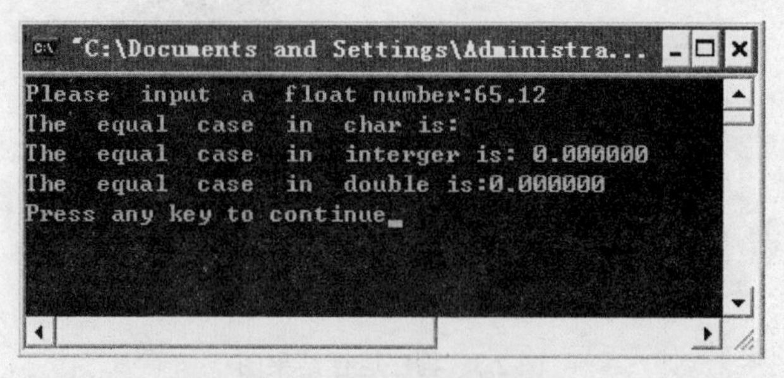

图 2.12 程序运行结果图

（7）改变数据的输入类型为 double 时，即将代码“int intInput; double output3;printf("The equal case in double is: %c",output1);”改为“double input;int output3;printf("The equal case in interger is:%d,output2)”。输入字符“65.12”如图 2.13 所示。

图 2.13 输入数据图

（8）运行结果如图 2.14 所示。

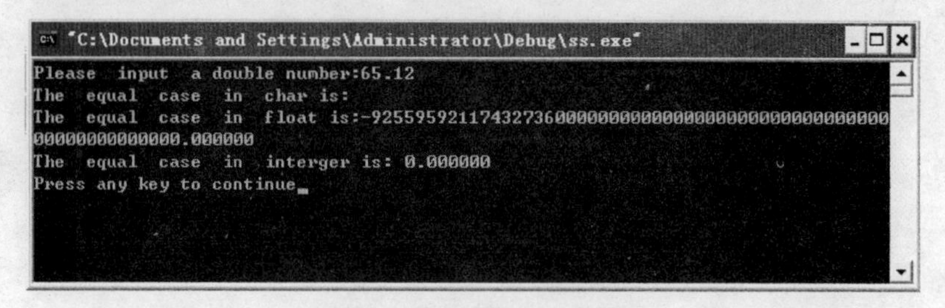

图 2.14 程序运行结果图

2.4 程序实例

（1）输入一句英文，对其实现简单加密。加密原则：按照英文字母表的排列顺序，每输入一个字母，输出其后间隔 3 位的另一个字母，当输入 x，y，z 时，分别输出 b，c，d。例如：输入单词“very”，则应输出“zivc”。

提示：对于英文的字母，将其所对进行加减一个指定的整数使该字符发生变化，对于这道题，实质也是这样，对于 a~v 的字母只要所输入的英文字母加 4 就能实现所指定的要求，而 w~z 的字母再特殊判断就行了。

流程图如图 2.15 所示。

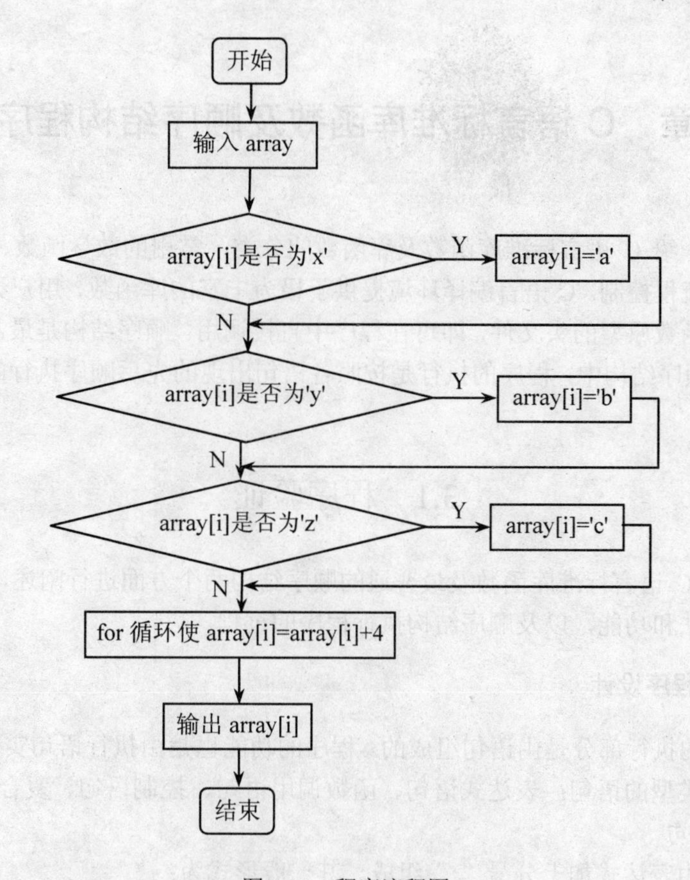

图 2.15　程序流程图

（2）输入 10 个整数，并对其进行由小到大的排序。

提示：可以用一个一维数组 a 保存这 10 个整数，假设 a[0]最小，然后依次循环比较 a[i]与 a[i+1]的大小，如果 a[i]>a[i+1]，交换 a[i]与 a[i+1]的值，如果 a[i]<a[i+1]不做任何操作，接着进行下一轮的比较。这样当循环结束时，a 中的数组就以从小到大的顺序排列存储。

流程图如图 2.16 所示。

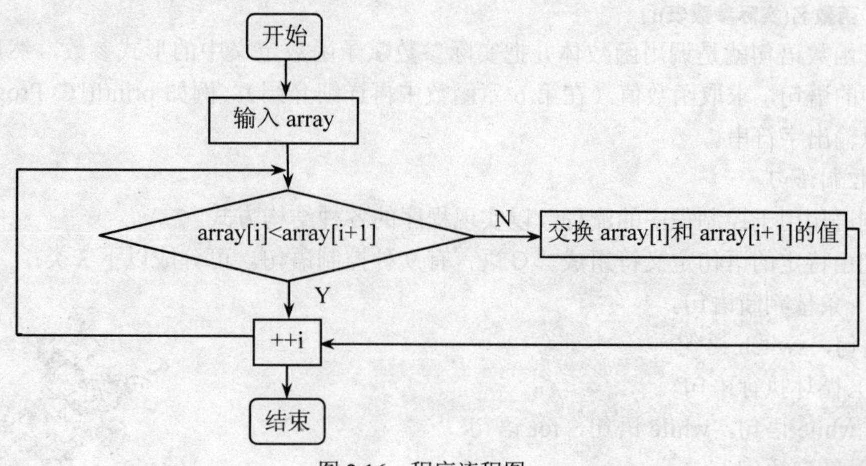

图 2.16　程序流程图

第 3 章　C 语言标准库函数及顺序结构程序设计

本章最主要介绍 C 语言标准库函数及库函数的分类，常用的数学函数、标准的输入输出函数以及程序的流程控制。C 语言编译环境提供了极为丰富的库函数，用户无须定义，只需在程序前包含有该函数原型的头文件，即可在程序中直接调用。顺序结构是最常见、最简单的一种程序结构。在顺序结构中，程序的执行是按照各语句出现的先后顺序执行的，并且每条语句都会被执行到。

3.1　程序验证

该部分将从 C 语言标准库函数及最普通的顺序结构两个方面进行阐述，并结合实例展示不同库函数的用法和功能，以及顺序结构执行程序的过程。

3.1.1　简单程序设计

C 语言程序的执行部分是由语句组成的。程序的功能也是由执行语句实现的，C 语言语句可分为以下几种类型的语句：表达式语句、函数调用语句、控制语句、复合语句和空语句。

1. 表达式语句

表达式语句由表达式加上分号“;”组成。其一般形式为：

表达式;

执行表达式语句就是计算表达式的值。例如：“x=y+z;”为赋值语句，将 y+z 的和赋值给 x；而单纯的“y+z;”代表加法运算语句，由于无赋值，其计算结果不能保留；“i++;”表示自增 1 语句，i 值增 1。

2. 函数调用语句

函数调用语句由函数名、实际参数加上分号“;”组成。其一般形式为：

函数名(实际参数表);

执行函数语句就是调用函数体并把实际参数赋予函数定义中的形式参数，然后执行被调函数体中的语句，求取函数值（在第 6 章函数中再详细介绍）。例如 printf("C Program");调用库函数以输出字符串。

3. 控制语句

控制语句用于控制程序的流程，以实现程序的各种结构方式。

它们由特定的语句定义符组成。C 语言有 9 种控制语句。可分成以下 3 类：

（1）条件判断语句。

if 语句，switch 语句

（2）循环执行语句。

do…while 语句，while 语句，for 语句

（3）转向语句。

break 语句，goto 语句，continue 语句，return 语句

4. 复合语句

把多个语句用括号“{}”括起来组成的一个语句称为复合语句。在程序中应把复合语句看成是单条语句，而不是多条语句，例如：

```
{
    x=y+z;
    a=b+c;
    printf("%d%d",x,a);
}
```

是一条复合语句。复合语句内的各条语句都必须以分号“;”结尾，在括号“}”外不能加分号。

5. 空语句

只有分号“;”组成的语句称为空语句。空语句是什么也不执行的语句。在程序中空语句可用来作空循环体。例如 while(getchar()!='\n'); 本语句的功能是，只要从键盘输入的字符不是回车则重新输入。这里的循环体为空语句。

1. 实验目的和要求

（1）了解 C 语言执行语句分类。

（2）熟练掌握各类语句的使用。

（3）掌握使用顺序结构编程的方法。

2. 实验重点和难点

（1）自加语句的使用方法。

（2）函数调用语句的写法。

3. 实验内容

（1）编写程序，从键盘输入两个整数，分别计算出 a/b 的整数商和余数。

流程图如图 3.1 所示。

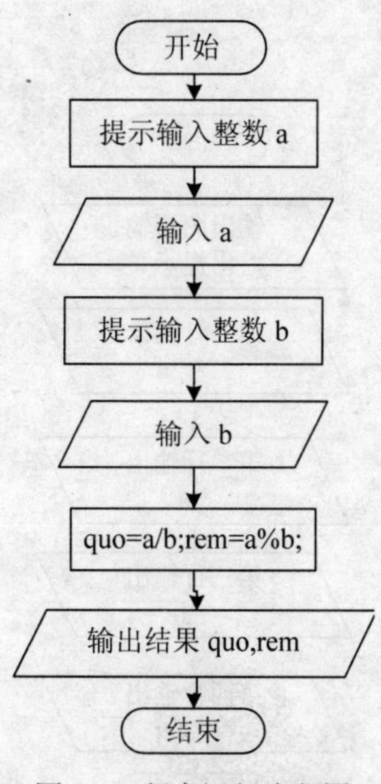

图 3.1　程序运行流程图

参考程序

```
#include"stdio.h"
```

```
void main()
{
    int a,b, quo, rem;
    printf("请输入整数 a:");
    scanf("%d",&a);
    printf("请输入整数 b:");
    scanf("%d",&b);
    quo=a/b;
    rem=a%b;
    printf("\na/b 的商为：%d \na/b 的余数为：%d\n",quo,rem);
}
```

分析：

首先要知道进行输入输出数据时，必须加上头文件“stdio.h”，这样才可以正确调用系统提供的输入输出函数。题目要求计算出两个整数相除得到的商和余数，则首先输入两个整数，使用“/”运算符求商，使用“%”运算符求取余数，并进行输出显示结果。程序运行结果如图 3.2 所示。

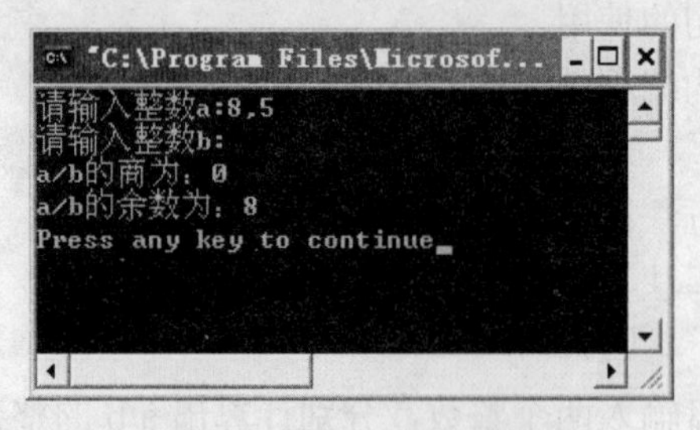

图 3.2　程序运行结果图

（2）用*号输出字母 C 的图案。

流程图如图 3.3 所示。

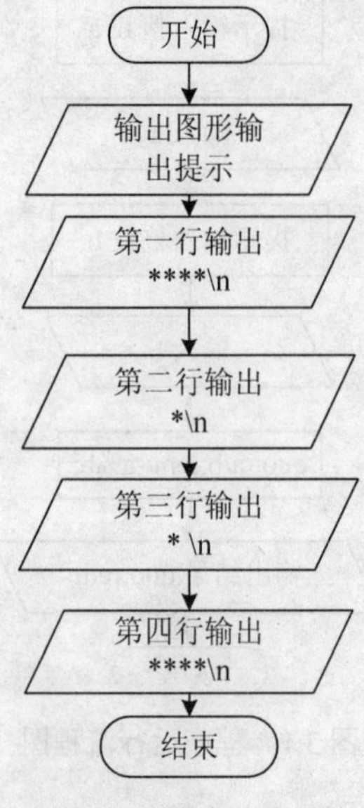

图 3.3　程序流程图

参考程序

```
#include "stdio.h"
void main()
{
    printf("输出图形如下所示：\n");
    printf(" ****\n");
    printf(" *\n");
    printf(" * \n");
    printf(" ****\n");
}
```

分析：

本题目要求比较简单，主要考察对标准输出函数的使用。观察 C 字母形状，输出 4 行“*”，可以组成满意的结果，程序运行结果如图 3.4 所示。

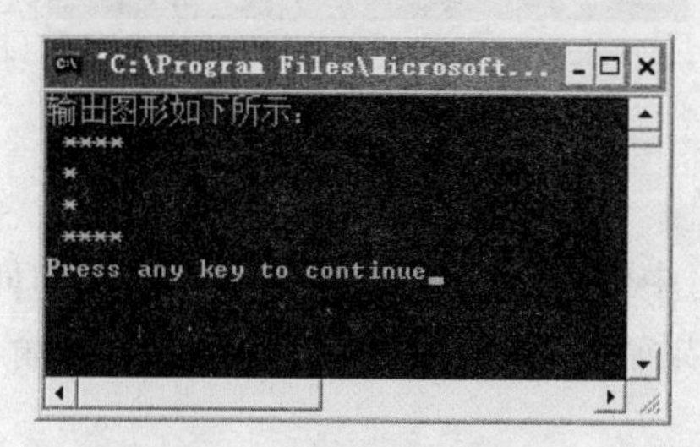

图 3.4　程序运行结果图

（3）求一个同学 3 门功课的平均成绩。

流程图如图 3.5 所示。

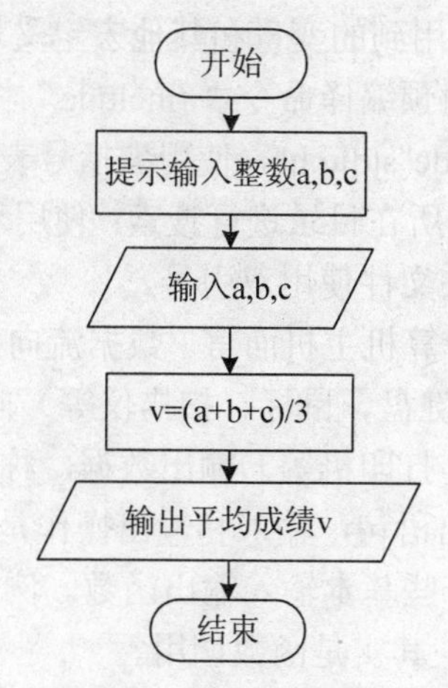

图 3.5 程序流程图

参考程序

```
#include<stdio.h>
void main()
{
  int a,b,c;
  double v;
  printf("请输入 3 门课的成绩：a,b,c=");
  scanf("%d,%d,%d",&a,&b,&c);
```

```
    v=(a+b+c)/3;
    printf("平均成绩是：%f\n",v);
}
```

分析：

对于程序题目要求，如果须输入数字，一般情况下在输入前加上关于输入数字的提示，这样有助于运行程序者对输入格式有所了解，更好地执行程序。输入3个数字后求和，然后计算平均成绩并输出，运行结果如图3.6所示。

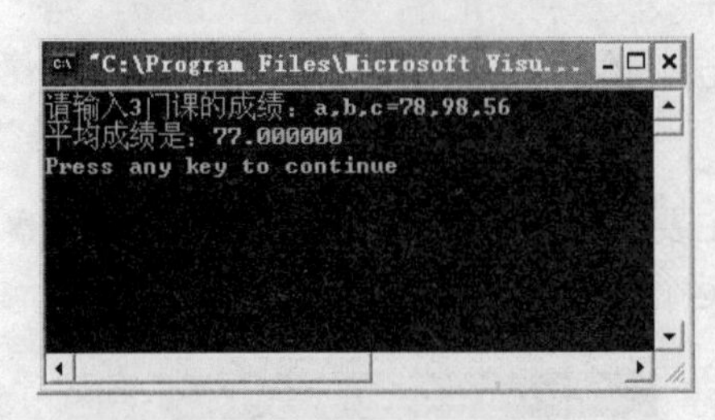

图3.6 程序运行结果图

课后思考

（1）如果实验内容（2）中要求输出图形是字母“A”，如何实现？

（2）实验内容（3）中如果输入3门课成绩时用空格分隔输入数据，能得到正确结果吗？

3.1.2 标准库函数

C语言丰富的库函数，从功能角度分为以下7类，分别是字符判断和转换函数、输入输出函数、字符串函数、动态存储分配（内存管理）函数、数学函数、日期和时间函数和完成其他功能的函数。由于标准库函数所用到的变量和其他宏定义均在扩展名为.h的头文件中描述，因此在使用库函数时，务必要使用预编译命令“#include”将相应的头文件包括到用户程序中，例如，#include<stdio.h>或#include"stdio.h"，使用尖括号表示编译时会先在系统的include目录里查找，若找不到才会到源代码所在目录进行搜索；使用双引号则相反。建议对系统提供的头文件使用尖括号，自己编写的头文件使用双引号。

所谓输入输出，是相对于计算机主机而言。数据流向主机，就是“输入”；数据流出主机，就是“输出”。从输入设备（如键盘、鼠标、扫描仪等）向计算机输入数据称为输入；从计算机向外部输出设备（如显示器、打印机等）输出数据，称为输出。

C语言本身不提供输入输出语句，输入和输出操作是通过调用C语言函数库中的函数来实现。C语言标准库中提供了一些基本输入输出函数。例如，scanf()函数、printf()函数，在使用时好像是在使用C语言语句，其实是函数调用。

printf()函数的一般格式：

printf(格式控制,输出表列);

其功能是按照“格式控制”规定的格式将“输出表列”输出到终端。

例如：

```
printf("%d,%c\n",i,c);
```

括号内包括两部分：

（1）“格式控制”是用双引号括起来的字符串，也称“转换控制字符串”，它包括两种信息：①格式说明，由“%”和格式字符组成，如%d，%f等。它的作用是将输出的数据转换为指定的格式输出。格式说明总是由“%”字符开始的；②普通字符，即需要原样输出的字符。

（2）“输出表列”是需要输出的一些数据，可以是表达式。例如：

```
printf ("%d,%d",a,b);
```

“%d”是格式控制符，而“,”是普通字符，直接原样输出。

```
printf ("a=%d,b=%d",a,b);
```

该句中“a=”、“,”、“b=”都是普通字符，直接原样输出。

printf 一般格式可以表示为：

printf(参数 1,参数 2,参数 3,……,参数 n);

功能是将参数 2～参数 n 按参数 1 给定的格式输出。具体格式控制字符的含义如表 3.1 所示。

表 3.1　输出函数格式说明表

格式字符	说明
d	以带符号的十进制形式输出整数（正数不输出符号）
o	以八进制无符号形式输出整数（不输出前导符 0）
x,X	以十六进制无符号形式输出整数（不输出前导符 0x），用 x 时，以小写形式输出 a～f；用 X 时，以大写形式输出 A～F
u	以无符号十进制形式输出整数
c	以字符形式输出，只输出一个字符
s	输出字符串
f	以小数形式输出单、双精度数，隐含输出 6 位小数
e,E	以标准指数形式输出单、双精度数，数字部分小数位数为 6 位；用 E 时指数以 E 表示
g,G	选用%f 或%e 格式中输出宽度较短的一种格式，不输出无意义的 0，用 G 时；指数 E 用大写

在“%”和格式符之间的附加格式说明符，用于指定输出时的对齐方向、输出数据的宽度、小数部分的位数等要求，附加格式说明符可以是其中之一或多个字符的组合。常用的附加说明符如表 3.2 所示。

表 3.2　附加格式说明表

附加说明符	意义
m（m 为正整数）	为域宽描述符，数据输出宽度为 m，若实际位数多于定义的宽度，则按实际位数输出，若实际位数少于定义的宽度则补以空格或 0
.n（n 为正整数）	为精度描述符，对实数，n 为输出的小数位数，若实际位数大于所定义的精度数，则截去超过的部分；对于字符串，表示输出 n 前各字符
l	表示整型按长整型量输出，如%ld，%lx，%lo；对实型按双精度型量输出，如%lf，%le
h	表示按短整型量输出，如%hd，%hx，%hdo，%hu
-	数据左对齐输出，右边填空格，无-时默认右对齐输出
+	输出符号（正号或负号）
0	表示数据不足最小输出宽度时，左补零
空格	输出值为正时冠以空格；为负时冠以负号
#	对 c，s，d，u 类无影响；对 o 类，在输出时加前缀 o；对 x 类，在输出时加前缀 0x；对 e，g，f 类当结果有小数时才给出小数点

scanf()函数一般格式：

scanf(格式控制,地址表列);

其功能是按照“格式控制”规定的格式从输入设备输入数据到指定的“地址表列”。“格式控制”的含义同printf()函数，“地址表列”是由若干个地址组成的表列，可以是变量的地址，或字符串的首地址。

scanf()函数的执行中应注意的问题：①scanf()函数中的“格式控制”后面应当是变量地址，而不应是变量名。例如，如果a，b为整型变量，则scanf("%d,%d",a,b);是不对的，应为&a,&b。这是C语言与其他高级语言不同的。②如果在“格式控制”字符串中除了格式说明以外还有其他字符，则在输入数据时应输入与这些字符相同的字符。例如：

```
scanf("a=%d,b=%d",&a,&b);
```

输入时应用如下形式：a=3,b=4↙

```
scanf("%d:%d:%d",&h,&m,&s);
```

输入应用以下形式：12:23:36↙

要注意和输入函数的格式相对应，scanf()强调与输入格式的对应关系。

1. 实验目的和要求

（1）了解C语言标准库函数的分类。

（2）掌握输入输出函数的格式控制。

（3）掌握不同类型函数的功能和使用方法。

2. 实验重点和难点

（1）输出函数的格式控制。

（2）正确使用各函数解决实际问题。

3. 实验内容

（1）编写程序，求π的值，求取公式为π=16arctan(1/5)−4arctan(1/239)。

流程图如图3.7所示。

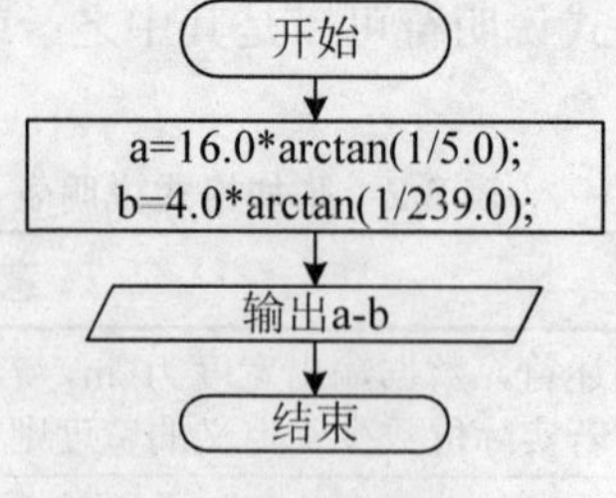

图3.7 程序流程图

参考程序

```
#include<stdio.h>
#include<math.h>
int main()
{
  double a,b;/*注意：因为整数相除结果取整，如果参数写1/5，1/239，结果就都是0*/
  a=16.0*atan(1/5.0);
  b=4.0*atan(1/239.0);
  printf("PI=%lf",a-b);
  getch();
```

```
    return 0;
}
```

分析

题目除考察输入输出函数的用法外，还考察了数学函数的使用。这些函数在使用时，需要在程序主函数前加上#include<math.h>语句，否则无法正确调用数学函数。按照给出的求取π的公式，顺序写出执行语句，执行后得到如图 3.8 所示的结果图。

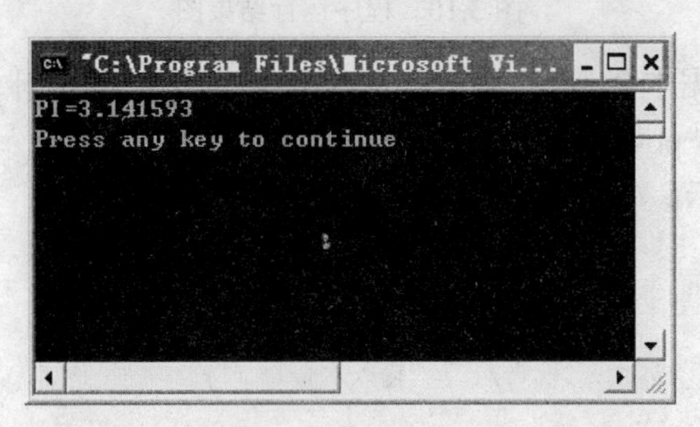

图 3.8 程序运行结果图

（2）输入圆柱体的半径和高，求圆柱体的体积，要求结果输出时输出半径、高和体积值，格式为每个数据占 7 位，保留 2 位小数。

流程图如图 3.9 所示。

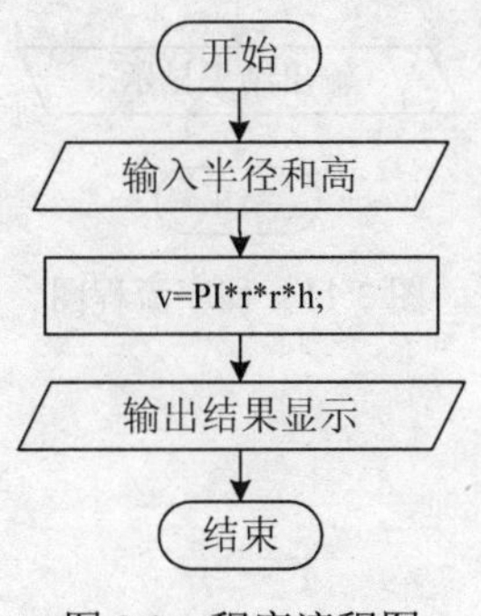

图 3.9 程序流程图

参考程序

```
#include"stdio.h"
#define PI 3.14159
main()
{
    float r,h,v;
    scanf("%f,%f",&r,&h);
    v=PI*r*r*h;
    printf("r=%7.2f,h=%7.2f,v=%7.2f\n",r,h,v);
}
```

分析：

题目主要考察输入输出函数时输出格式的控制，要求输入保留 2 位小数，总共占 7 位，可以考虑表 3.2 所示的控制符号，程序运行结果如图 3.10 所示。

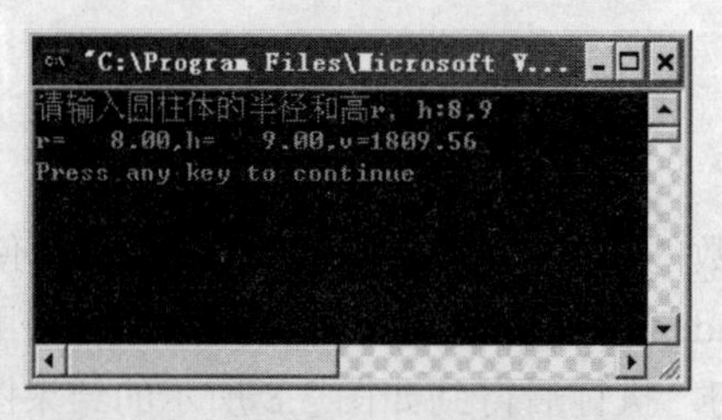

图 3.10 程序运行结果图

（3）编写程序，根据本金为 a、存款年数为 n 和年利率为 p 计算到期利息。计算公式如下：到期利息公式为 l= a*pow(1+p/100, n-a)。

流程图如图 3.11 所示。

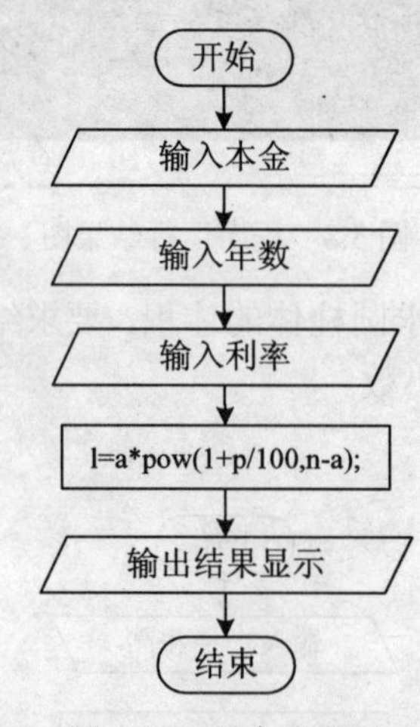

图 3.11 程序流程图

参考程序

```
#include<stdio.h>
#include<math.h>
void main()
{
    float a,n,p,c,l;
    printf("请输入本金：");
    scanf("%f",&a);
    printf("请输入存款年数：");
    scanf("%f",&n);
    printf("请输入利率：");
    scanf("%f",&p);
    l=a*pow(1+p/100,n-a);
    printf("利息为：%f\n",l);
}
```

分析：

该程序除考察输入输出函数外，还考察 float pow(float x, float y)函数的使用，其功能是计算 x 的 y 次幂，输入调试无误后运行结果如图 3.12 所示。

（4）从终端输入一个字符，如果是小写字母则转换成大写后输出，否则原样输出。

若将大写字母转换成小写字母，程序如何修改？

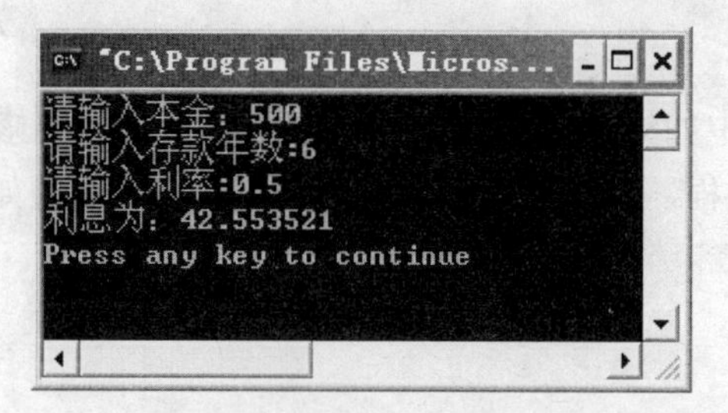

图 3.12　程序运行结果图

流程图如图 3.13 所示。

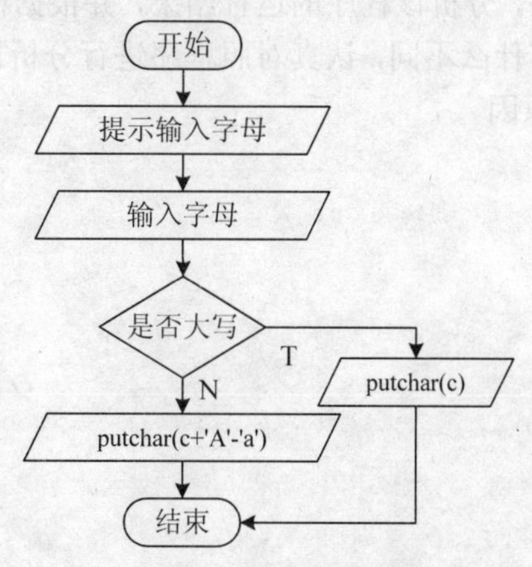

图 3.13　程序运行流程图

参考程序

```
#include<stdio.h>
void main()
{
    int c;
    printf("input a character:");
    c=getchar();
    c>='a'&&c<='z'?putchar(c+'A'-'a'):putchar(c);
    putchar('\n');
}
```

分析：

本题目考察大小写的转换规律，另外对于输入/输出字符的函数 getchar()和 putchar()的功能予以考察，输入程序调试无误后，如果输入小写字母，则按照程序语句进行转换，输出对应的大写字母；如果输入的是大写字母，则原样输出。运行结果图如图 3.14 和图 3.15 所示。

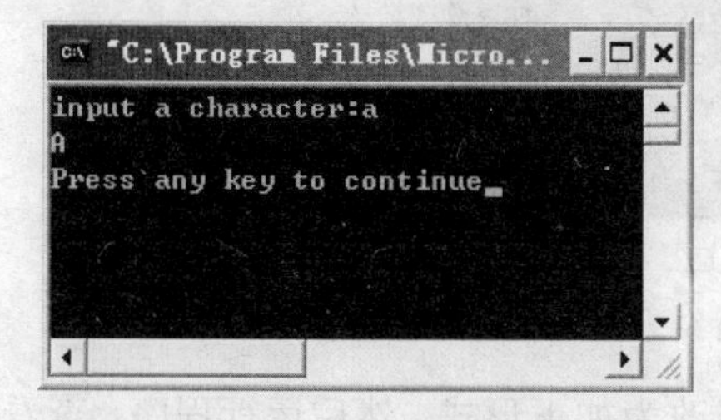

图 3.14　输入小写“a”程序运行结果图

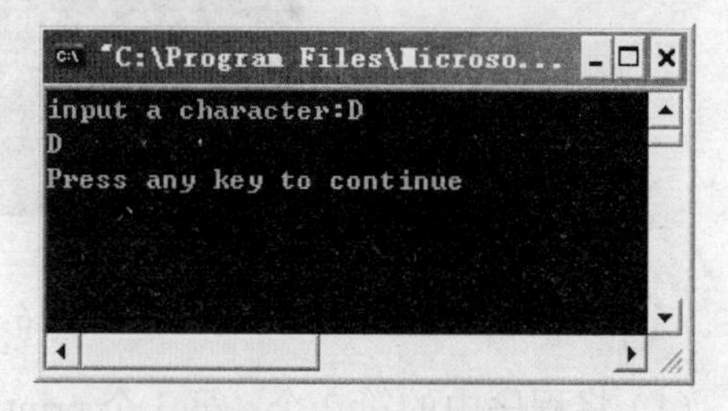

图 3.15　输入大写“D”程序运行结果图

课后思考

（1）实验内容（2）中如果要求的是圆柱体的表面积，如何修改程序？

（2）预习分支结构编程，对实验内容（4）用if语句修改，如何实现？

3.2 举一反三

在掌握了顺序结构编写程序的方法后，本章主要侧重于标准库函数的使用。而相对于其他的函数而言，输入输出函数又成为重中之重，因为任何一个程序的正确运行都离不开数据的输入输出。下面给出一段程序，分析该程序的运行结果，并根据程序后给出的修改意见对程序进行修改，观察得到的结果有什么不同，认真对照程序进行分析比对，思考一下其他格式控制符的作用及得到不同结果的原因。

```
#include <stdio.h>
void main()
{
    int a, b;
    float d, e;
    char c1, c2;
    double f, g;
    long m, n;
    unsigned int p, q;
    a=61; b=62;
    c1='a'; c2='b';
    d=5.67; e=-6.78;
    f=1234.56789; g=0.123456789;
    m=50000; n=-60000;
    p=32768; q=40000;
    printf("a=%d,b=%d\nc1=%c,c2=%c\n",a,b,c1,c2);
    printf("d=%6.2f,e=%6.2f\n",d,e);
    printf("f=%15.6f,g=%15.10f\n",f,g);
    printf("m=%ld,n=%ld\np=%u,q=%u\n",m,n,p,q);
}
```

输入程序调试完成后，运行得到的结果如图3.16所示。

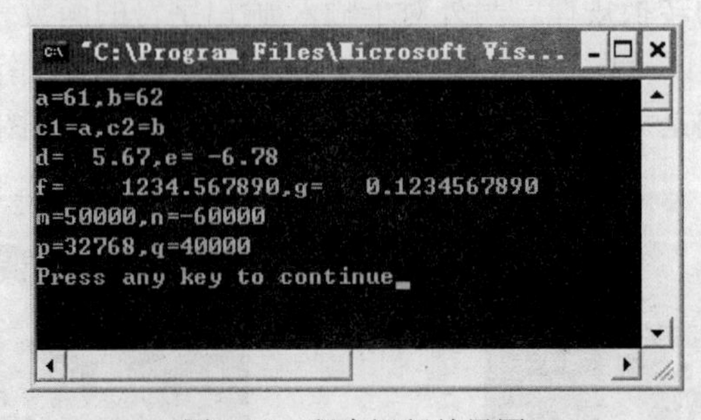

图3.16 程序运行结果图

（1）将程序中的第2个、第3个printf()语句修改为如下形式，然后运行程序，查看结果。

```
printf("d=%-6.2f,e=%-6.2f\n",d,e);
printf("f=%-15.6f,g=%-15.10f\n",f,g);
```

（2）将上述两个 printf()语句进一步修改为如下形式，然后运行程序，查看结果。

```
printf("d=%-6.2f\te=%-6.2f\n",d,e);
printf("f=%-15.6f\tg=%-15.10f\n",f,g);
```

（3）将程序的第 10～15 行修改为如下语句：

```
a=61;b=62;
c1='a';c2='b';
f=1234.56789;g=0.123456789;
d=f;e=g;
p=a=m=50000;q=b=n=-60000;
```

运行程序，并分析结果。

（4）修改程序，不使用赋值语句，而用下面的 scanf()语句为 a、b、c1、c2、d、e 输入数据：

```
scanf("%d%d%c%c%f%f",&a,&b,&c1,&c2,&d,&e);
```

1）请按照程序原来中的数据，选用正确的数据输入格式，为上述变量提供数据。

2）使用如下数据输入格式，为什么得不到正确的结果？

输入数据：61 62 a b 5.67 -6.78

参考运行结果。

（1）修改后程序运行结果如图 3.17 所示。

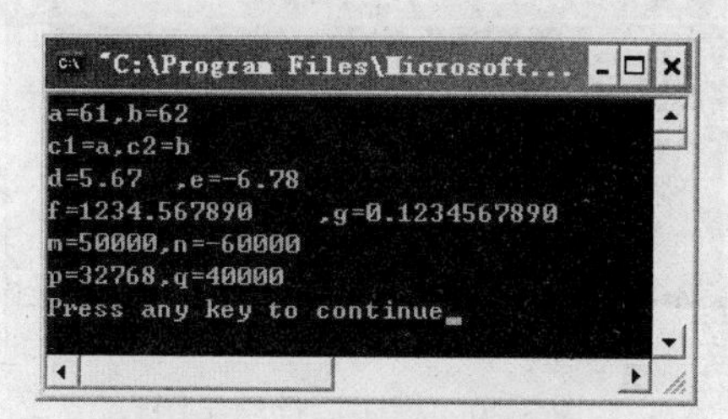

图 3.17　程序运行结果图

（2）修改后程序运行结果如图 3.18 所示，比较与 3.17 的不同之处，为什么？

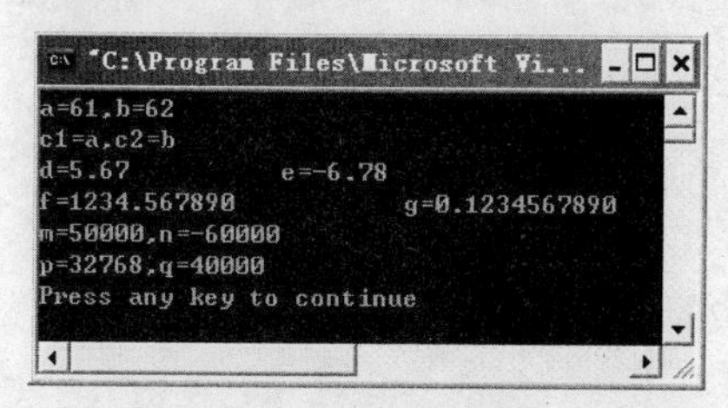

图 3.18　程序运行结果图

（3）修改后程序运行结果如图 3.19 所示。

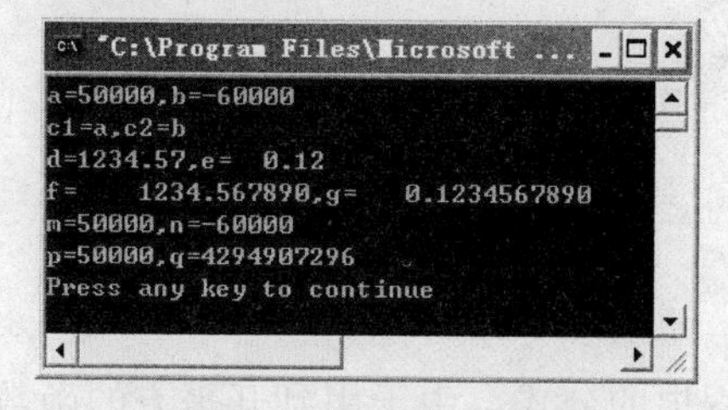

图 3.19　程序运行结果图

3.3 程序实例

（1）变量 i 初值为 100，使用前缀和后缀自加运算符对其进行自加操作，并显示结果和原值进行比较，区别其在变量前后两种用法的差异。

参考程序

```
#include <stdio.h>
void main()
{
    int i=100;
    int result;
    result=i++;
    printf("后缀结果是: %d,i 值为:%d\n",result,i);
    result=++i;
    printf("前缀结果是: %d,i 值为:%d\n",result,i);
}
```

运行结果图如图 3.20 所示。

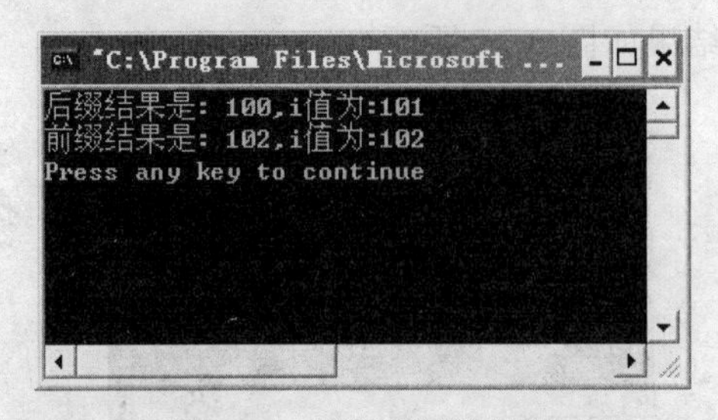

图 3.20　程序运行结果图

（2）求 $ax^2+bx+c=0$ 方程的根，a，b，c 由键盘输入，且假设 $b^2-4ac>0$。

参考程序

```
#include <stdio.h>
#include <math.h>
void main()
{
    float a,b,c,disc,x1,x2,p,q;
    printf("请输入 a,b,c=?");
    scanf("%f,%f,%f",&a,&b,&c);
    disc=b*b-4*a*c;
    p=-b/(2*a);
    q=sqrt(disc)/(2*a);
    x1=p+q;
    x2=p-q;
    printf("\nx1=%5.2f\nx2=%5.2f\n",x1,x2);
}
```

分析：

由数学知识可知求取方程根的公式，由于用到开平方的函数 sqrt()，因此头文件要引入

math.h，为了更好地显示结果，采用相应的格式控制字符，程序调试运行后结果如图 3.21 所示。

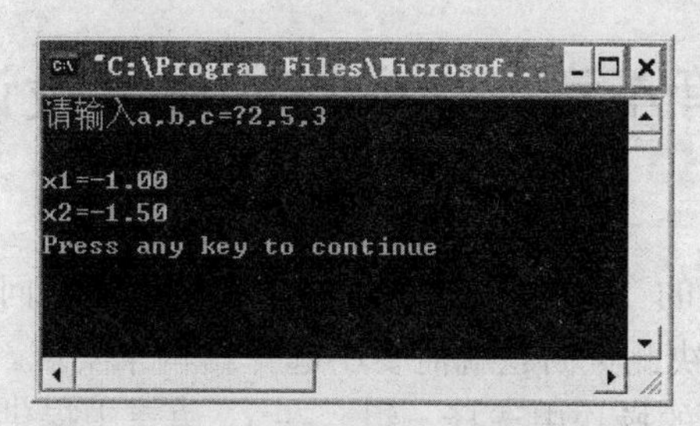

图 3.21　程序运行结果图

第 4 章　选择结构程序设计

选择结构是程序设计中的 3 种基本结构之一，在解决实际问题中，许多时候需要根据给定的条件来决定做什么。解决此类问题就需要用选择结构来实现。它的实质就是根据所给定的条件是否满足，决定从给定的操作中选择一组。在 C 语言中提供两种控制语句来实现这种结构，一种是实现二路分支的 if 语句；另一种是实现多路分支的 switch 语句。

4.1　程序验证

4.1.1　if 语句

if 语句的一般形式有以下几种：

（1）简单 if 语句。

```
if(表达式)
    语句;
```

它的执行过程是：先对表达式进行判断，若成立（值为非 0），就执行语句，然后顺序执行该结构后的下一条语句；否则（不成立，值为 0），直接执行该结构后的下一条语句。其结构用流程图描述，如图 4.1 所示。

（2）if…else 语句。

```
if(表达式)
    语句 1
        else 语句 2
```

它的执行过程是：先对表达式进行判断，若成立（值为非 0），就执行语句 1，并跳过语句 2，继续执行 if 语句的下一条语句；否则（不成立，值为 0），执行语句 2，然后继续执行 if 语句的下一条语句。其结构用流程图描述，如图 4.2 所示。

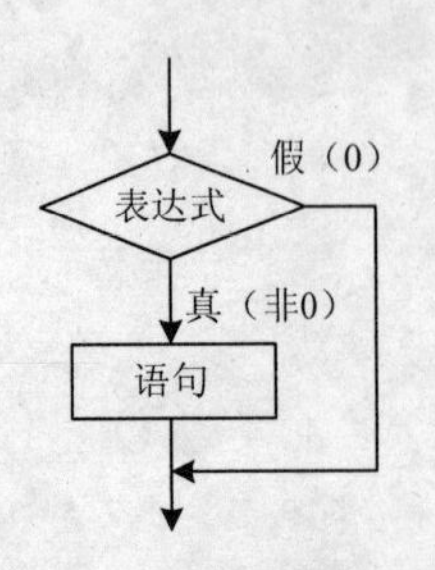

图 4.1　简单 if 语句流程图

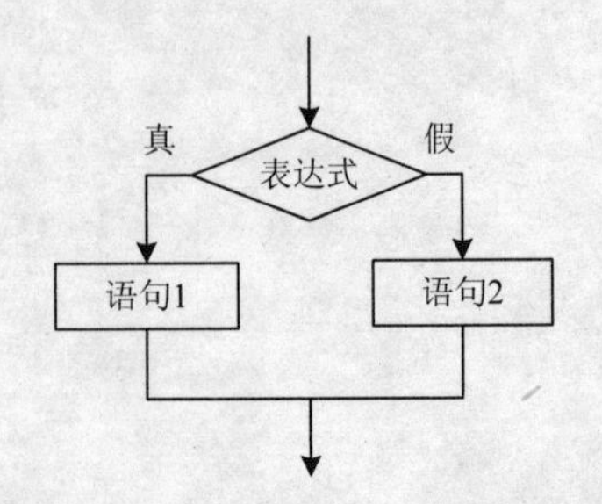

图 4.2　if…else 语句流程图

（3）if…else…if 语句。

前两种形式的 if 语句一般都用于二路分支的情况，当有多个分支选择时，可采用 if…else…if 语句，其一般形式为：

```
if(表达式 1)语句 1
```

```
else   if(表达式 2)语句 2
           else   if(表达式 3)语句 3
                      ……
                          else   if(表达式 n-1)语句 n-1
                                    else   语句 n
```

它的执行过程是：依次判断表达式的值，当出现某个值为真时，则执行其相应的语句。然后跳到整个 if 语句之外继续执行程序。如果所有的表达式均为假，则执行语句 n，然后继续执行后续程序。其结构用流程图描述，如图 4.3 所示。

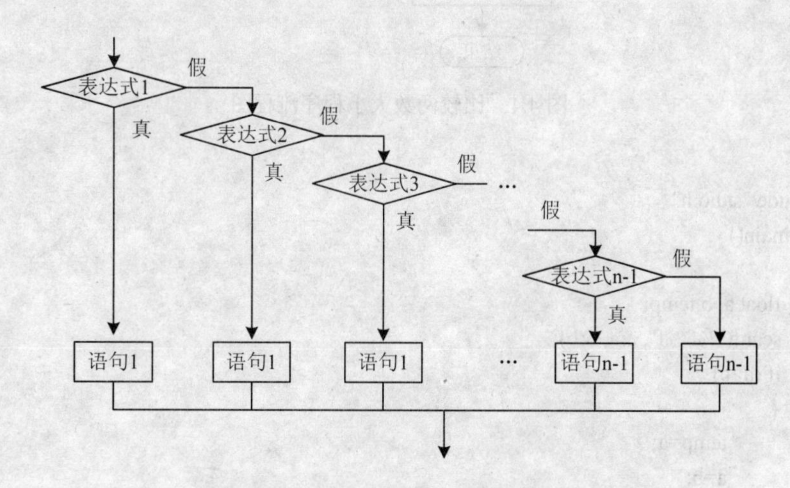

图 4.3　if…else…if 语句流程图

（4）if 语句的嵌套。

当 if 语句中的执行语句又是 if 语句时，则构成了 if 语句嵌套。其一般形式为：

```
if(表达式)
    if 语句
```

或者为：

```
if(表达式)
    if 语句
    else if 语句
```

这里的 if 语句可以是上面讲述的 3 种形式中的任意一种。

1. 实验目的和要求

（1）正确使用关系表达式和逻辑表达式表达条件。

（2）掌握选择结构流程图和程序代码的相互转换。

（3）掌握条件判断语句（if，if…else，if…else...if）的使用。

2. 实验重点和难点

（1）编写并调试程序。

（2）调试程序的注意事项、上机编写 C 语言程序的步骤及错误修改。

3. 实验内容

（1）输入两个数，然后按值的大小次序从小到大输出。

程序流程图如图 4.4 所示。

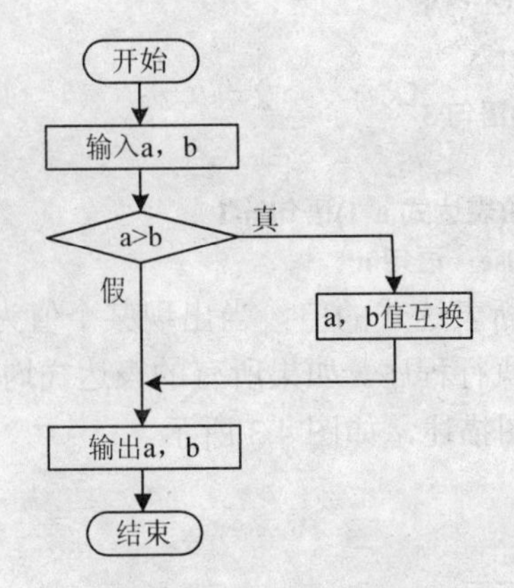

图 4.4　比较两数大小程序流程图

参考程序

```
#include "stdio.h"
void main()
{
    float a, b,temp;
    scanf("%f %f", &a, &b);
    if (a>b)
    {
        temp=a;
        a=b;
        b=temp;
    }
    printf("a=%f, b=%f\n", a,b);
}
```

分析：

当输入的值 a>b 时，if 表达式（a>b）的值为 1，依次执行三条赋值语句完成了 a、b 值的交换，再执行 if 的后续语句，输出 a、b 值；若表达式（a>b）的值为 0，则直接执行 if 的后续语句输出 a、b 值。

输入如上参考程序，编译运行，输入 4 和 7 两个数，结果如图 4.5 所示。

运行程序后，若输入 9 和 3 两个数，结果如图 4.6 所示。

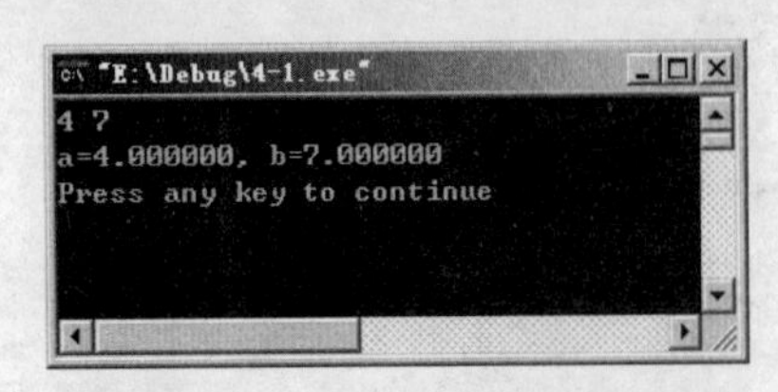

图 4.5　输入值为 4 和 7 的运行结果

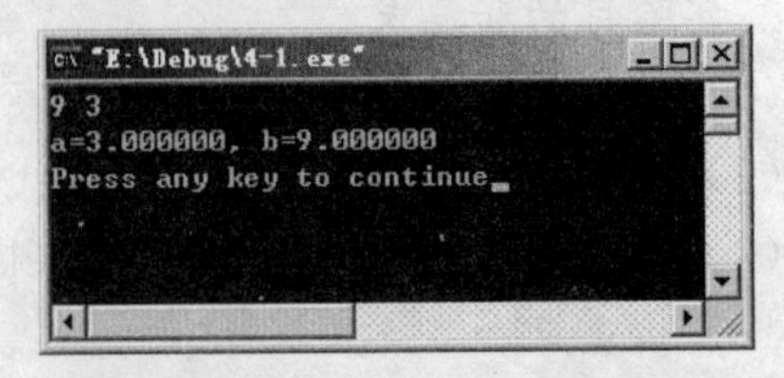

图 4.6　输入值为 9 和 3 的运行结果

（2）编写程序比较两人的年龄大小。

分析：

两人年龄的比较，首先由出生年份决定，年份小者年龄为大，年份大者年龄为小；在同年的情况下，由出生月份决定，月份小者年龄为大，月份大者年龄为小；在同年同月的情况下，由出生日子决定，日子小者年龄为大，日子大者年龄为小；若日子也相同，则为一般大。

程序流程图如图 4.7 所示。

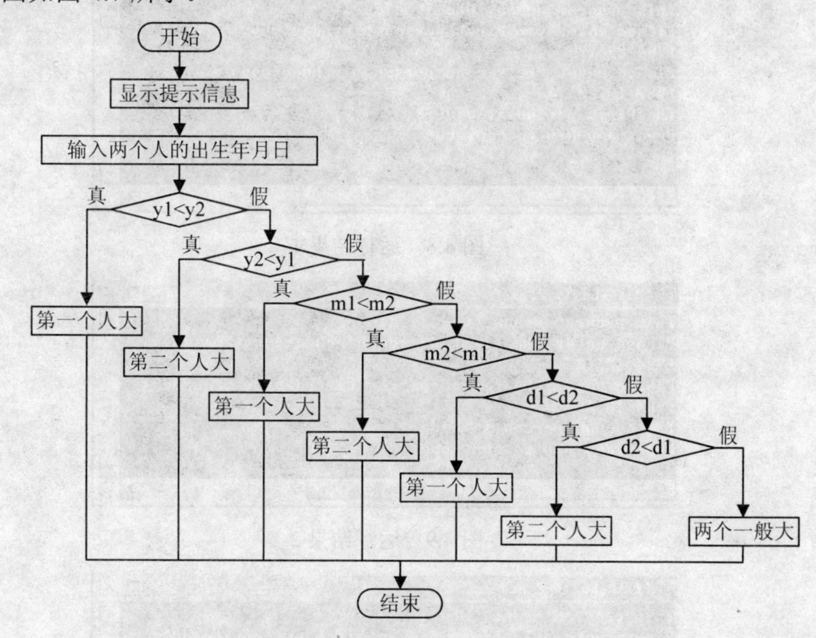

图 4.7　比较年龄大小程序流程图

参考程序

```
#include "stdio.h"
void main()
{
  int y1,m1,d1,y2,m2,d2;
  printf("This program means ‘Who is older?’\n");
  printf("Please enter the first person birthday(yyyy/mm/dd):\n");
  scanf("%4d%2d%2d",&y1,&m1,&d1);
  printf("Please enter the second person birthday(yyyy/mm/dd):\n");
  scanf("%4d%2d%2d",&y2,&m2,&d2);
  if(y1<y2)
    printf("The first person is older!\n");
  else if(y2<y1)
    printf("The second person is older!\n");
  else if(m1<m2)
    printf("The first person is older!\n");
  else if(m2<m1)
    printf("The second person is older!\n");
  else if(d1<d2)
    printf("The first person is older!\n");
  else if(d2<d1)
    printf("The second person is older!\n");
  else
    printf("They are the same age!\n");
}
```

输入如上参考程序，编译运行，输入两个年龄值，结果如图 4.8 所示。

改变输入值后再运行程序，结果如图 4.9 所示。

输入两个相同生日后，运行结果如图 4.10 所示。

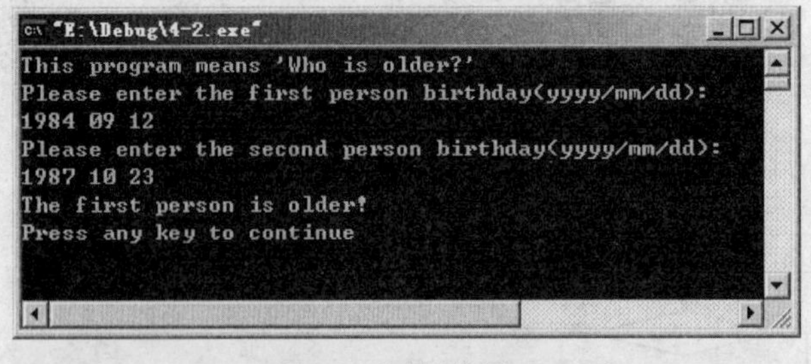

图 4.8 运行结果 1

```
"E:\Debug\4-2.exe"
This program means 'Who is older?'
Please enter the first person birthday(yyyy/mm/dd):
1984 12 12
Please enter the second person birthday(yyyy/mm/dd):
1984 10 15
The second person is older!
Press any key to continue
```

图 4.9 运行结果 2

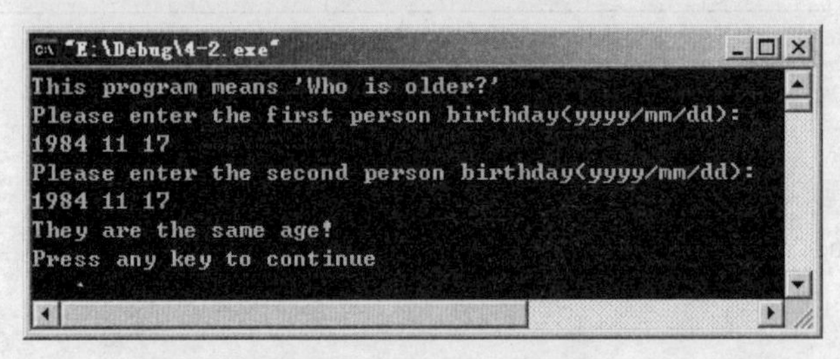

图 4.10 运行结果 3

本例输入的合法数值有 7 种情况，此处只列出了其中的 3 种，其他情况读者可自行上机调试。

（3）输入一个学生的百分制成绩，转换成五级等级制成绩输出。

程序流程图如图 4.11 所示。

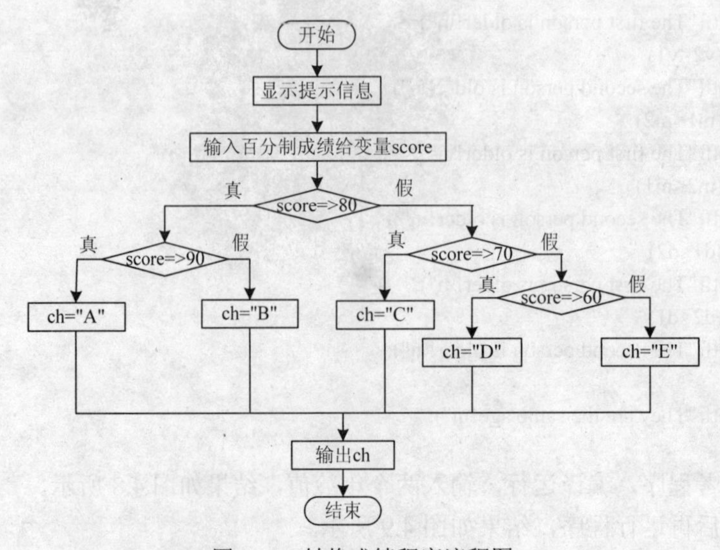

图 4.11 转换成绩程序流程图

参考程序

```
#include "stdio.h"
void main()
{
  int score;
  char ch;
  printf("Please input score:\n");
  scanf("%d", &score);
  if(score=>80)
    if(score=>90)
      ch='A';
    else
      ch='B';
  else
    if(score=>70)
      ch='C';
    else
      if(score=>60)
        ch='D';
      else
        ch='E';
    printf("The score is %c \n",ch);
}
```

输入如上参考程序，编译运行，输入 100，结果如图 4.12 所示。

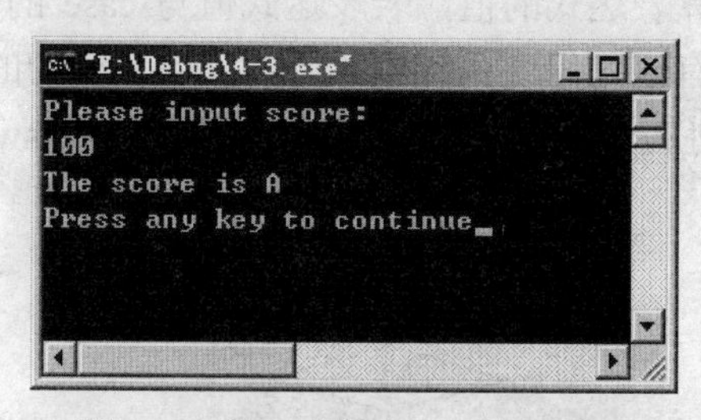

图 4.12　输入分数 100 后运行结果

输入 68，结果如图 4.13 所示。

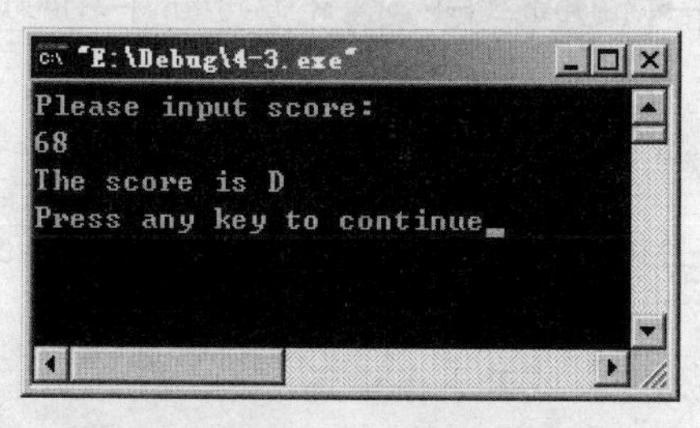

图 4.13　输入分数 68 后运行结果

输入 20，结果如图 4.14 所示。

本例输入的合法数值有 5 种情况，此处只列出了其中的 3 种，其他情况读者可自行上机调试。

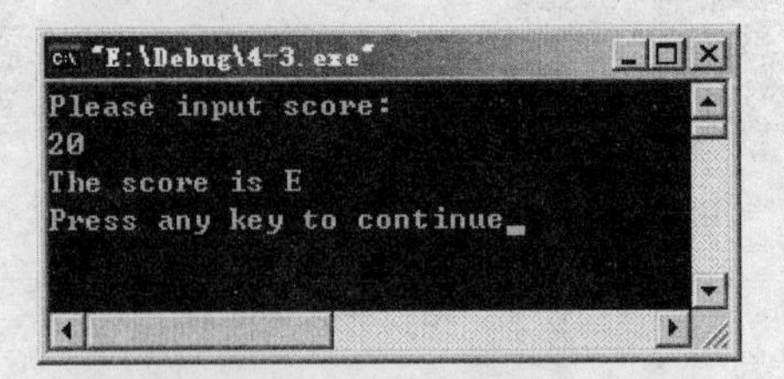

图 4.14 输入分数 20 后运行结果

课后思考

（1）实验内容（1）中 if 的分支语句漏掉花括号，输入的值不变，输出结果会不会发生变化，若有变化，为什么？

（2）实验内容（3）中的算法流程图唯一吗？还可以怎么做？

4.1.2 switch 语句

switch 语句的一般形式

```
switch(表达式)
{
 case 常量 1:语句组 1
 case 常量 2:语句组 2
 ……
  case 常量 n:语句组 n
  default: 语句组 n+1
}
```

它的执行过程是：先计算表达式的值，若表达式值与 case 的常量 i 的值相等时，就从该 case 进入，执行完后面的所有语句组（语句组中不含 break 语句的情况）。若表达式值与所有 case 的常量 i 值都不相等，则从 default 进入，执行语句组 n+1。switch 语句执行流程如图 4.15 所示。

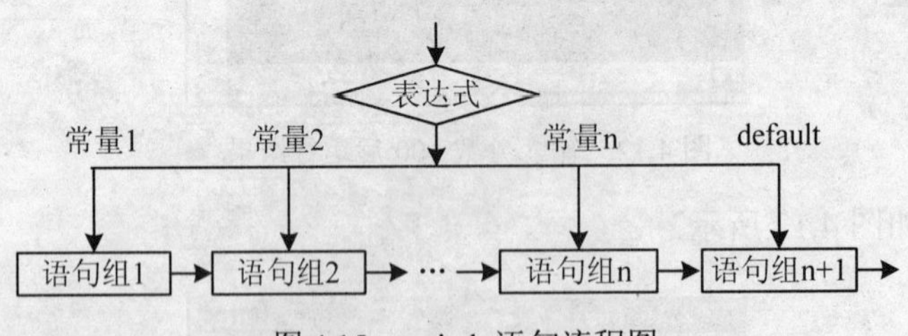

图 4.15 switch 语句流程图

switch 语句使用说明：

（1）表达式的计算结果必须为整型或字符型常量，同样 case 中的常量 1-n 也必须是整型或字符型常量。

（2）case 的语句组可以为空，或若干条语句。

（3）default 部分可以缺省。default 部分缺省时，如果表达式值与所有 case 的常量值都不相等，则 switch 语句不起任何作用，直接执行 switch 的后续语句。

（4）如果 case 语句组中含有 break 语句，一旦执行 break，就跳出 switch 语句，执行其后续语句。

1. 实验目的和要求

（1）掌握选择结构流程图和程序代码的相互转换。

（2）掌握多分支语句 switch 的使用。

2. 实验重点和难点

（1）编写并调试程序。

（2）调试程序的注意事项、上机编写 C 语言程序的步骤及错误修改。

（3）switch 语句中的 break 的用法。

3. 实验内容

（1）输入一个 n，计算 1+2+3+…+n 的值，n<=6。如果 n 超过 6，则值为-1。

程序流程图如图 4.16 所示。

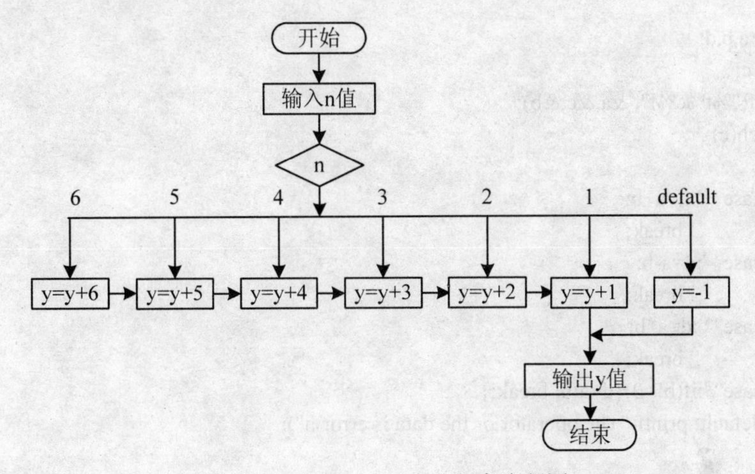

图 4.16　求 1+2+3+…+n 程序流程图

参考程序

```
#include "stdio.h"
void main()
{
    int n,y=0;
    printf("Please input a number:\n");
    scanf("%d", &n);
    switch(n)
      {
        case 6:y=y+6;
        case 5:y=y+5;
        case 4:y=y+4;
        case 3:y=y+3;
        case 2:y=y+2;
        case 1:y=y+1; break;
        default: y=-1;
      }
   printf("y= %d \n",y);
}
```

输入如上参考程序，编译运行，输入 4，结果如图 4.17 所示。

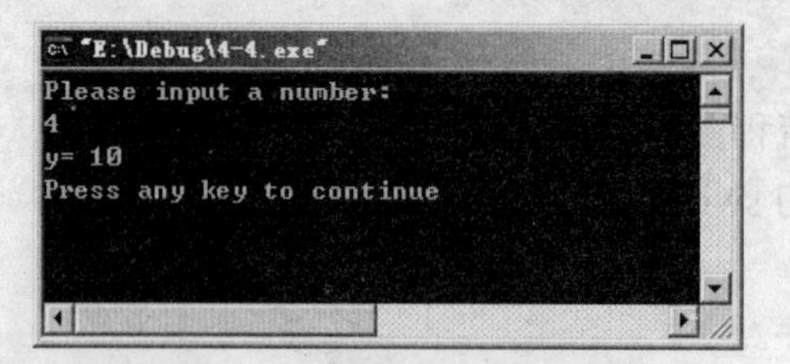

图 4.17　求 1+2+3+…+n 运行结果图

（2）设计一个简易的计算器程序，可进行两个数的+、-、*、/运算。

参考程序

```
#include "stdio.h"
void main()
{
   float a,b,d;
   char c;
   scanf("%f%c%f", &a,&c,&b);
   switch(c)
      {
        case '+':d=a+b;
                break;
        case '-':d=a-b;
                break;
        case '*':d=a*b;
                break;
        case '/':if(b!=0){d=a/b; break;}
        default: printf("The operator or the data is error\n");
      }
  printf("= %.2f \n",d);
}
```

输入如上参考程序，编译运行，输入 3*4，结果如图 4.18 所示。

若用户输入的运算符不符合要求，将会出现如图 4.19 所示的运行结果。

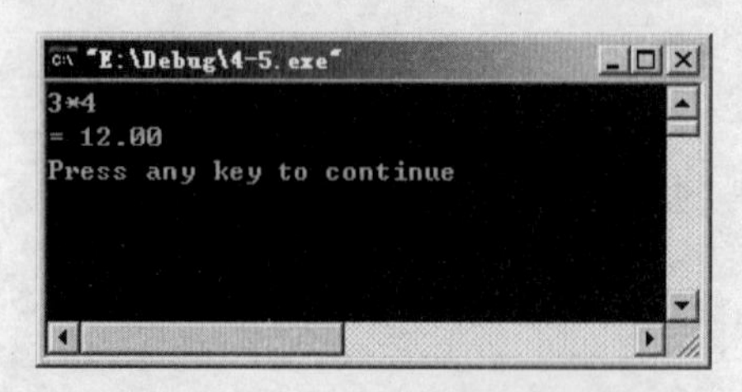

图 4.18　简易计算器程序运行结果图 1

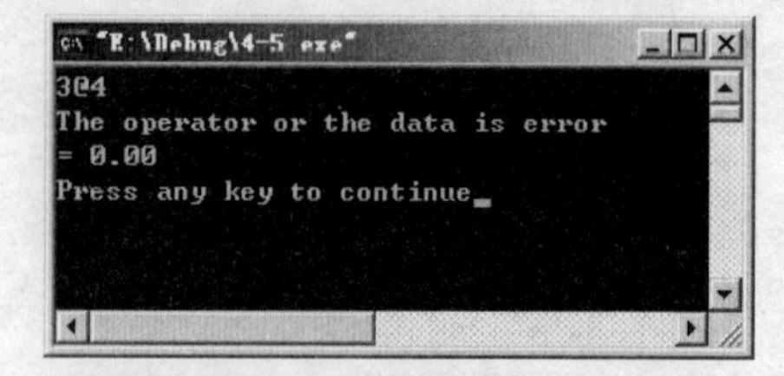

图 4.19　简易计算器程序运行结果图 2

此处提示用户输入的运算符或数据不符合要求，但最终还会显示等于 0。

课后思考

（1）switch 语句中，什么时候需要 break 语句？什么时候不需要？

（2）实验内容（2）中输入了不符合要求的数据，为何结果还显示等于 0？

4.2　举一反三

通过对选择结构中 if 语句和 switch 语句的学习，应该掌握这两种语句结构的特点及适用条件，以便更好地解决问题。在实际应用当中，有些问题可以用 if 语句实现，也可以用 switch 语句实现。下面就通过一个实例，使用语句进行解决，以达到深入认识的目的。

题目：输入一个学生的百分制成绩，转换成五级等级制成绩输出。（前例给出使用 if...else 语句嵌套的解法）。

参考方法一：

此处使用 if...else...if 结构，和 4.11 实验内容（3）解法不同，此处需从两端即 A 等或 E 等处开始判断。

程序流程图如图 4.20 所示。

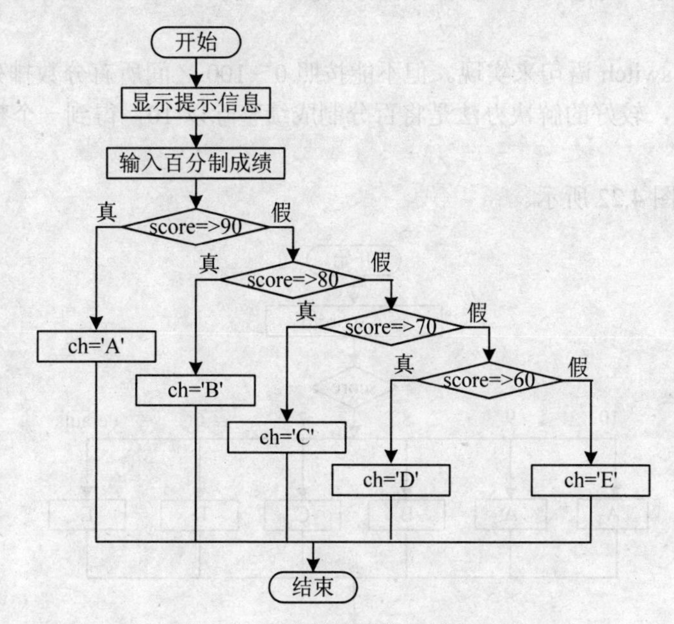

图 4.20　百分制转换等级制流程图

参考程序

```
#include "stdio.h"
void main()
{
   int score;
   char ch;
   printf("Please input score:\n");
   scanf("%d", &score);
   if(score=>90)
      ch='A';
   else if(score=>80)
            ch='B';
      else if(score=>70)
               ch='C';
          else if(score=>60)
                  ch='D';
              else
                  ch='E';
   printf("The score is %c \n",ch);
}
```

输入如上参考程序，编译运行，输入 95，结果如图 4.21 所示。

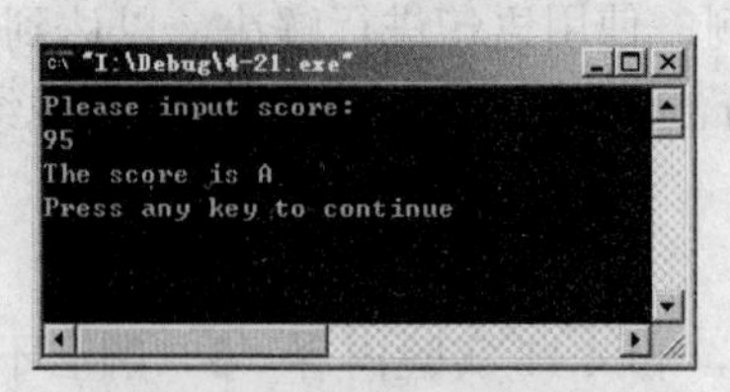

图 4.21　输入分数 95 后运行结果

结果正确，不再举其他例子，读者可自行调试。

参考方法二：

该题目也可用 switch 语句来实现。但不能按照 0～100 之间所有分数排列，需划分区间，减少 case 语句数量，较好的解决办法是将百分制成绩整除以 10，得到一个整数值，作为 case 后的常量。

程序流程图如图 4.22 所示。

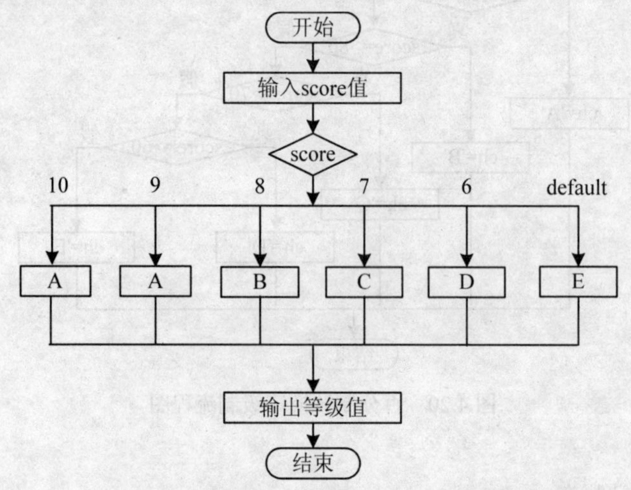

图 4.22　百分制转换等级制 switch 实现流程图

参考程序

```
#include "stdio.h"
void main()
{
  int score;
  char ch;
  printf("Please input score:\n");
  scanf("%d", &score);
  switch(score/10)
    {
     case 10:ch='A';break;
     case 9: ch='A';break;
     case 8: ch='B';break;
     case 7: ch='C';break;
     case 6: ch='D';break;
     default: ch='E';
    }
```

```
        printf("The score is %c \n",ch);
    }
```

参考程序严格按流程图编写，实际应用中在 case 10 之后的语句“ch='A';break;”一般省略不写，当输入 100 时，和 case 10 匹配，但它后面是空语句，所以接着执行 case 9 之后的语句，直到遇到 break 语句后退出。其他程序里遇到所执行语句一样的 case 时，均按此方法处理。

输入如上参考程序，编译运行结果和用其他方式实现一样，此处不再图示。

课后思考

（1）用 switch 语句实现时，若几个 break 语句省略不写？会出现什么样的结果？

（2）几种语句实现成绩转换的例子中，若输入的分数值为 105 和 120 的话分别会出现什么样的结果？

4.3　程序实例

在本章第一部分程序验证中，各个知识点都通过具体的程序加以验证，并通过程序流程图详细描述了语句执行的先后顺序，对掌握各个知识点的特点及熟练使用这些知识点解决各类实际问题都有非常好的帮助。在本节中将通过两个具体实例对这些内容加以巩固，以达到更好的掌握目的。

（1）输入星期几的第一个字母来判断是星期几，如果第一个字母一样，则继续判断第二个字母。

程序流程图如图 4.23 所示。

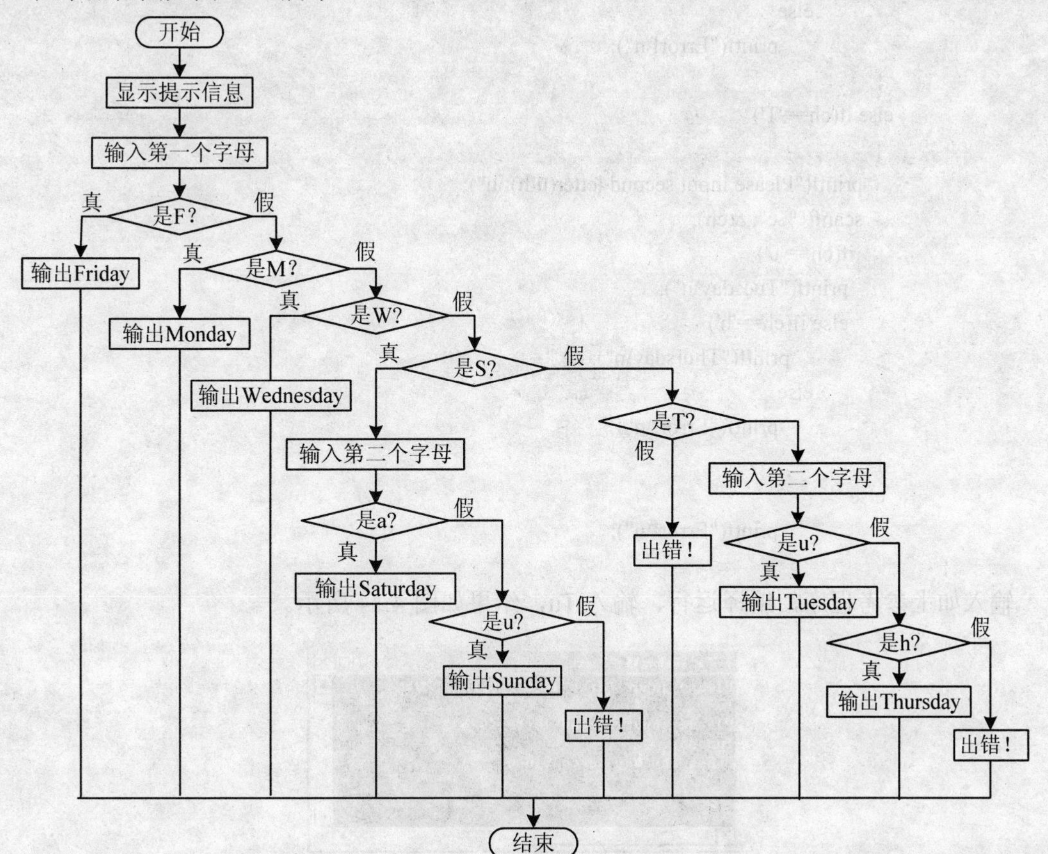

图 4.23　判断周几程序流程图

参考程序

```
#include "stdio.h"
void main()
{
    char ch;
    printf("Please input first letter(S/F/M/T/W):\n");
    scanf("%c", &ch);
    if(ch=='F')
      printf("Friday\n");
    else if(ch=='M')
            printf("Monday\n");
        else if(ch=='W')
            printf("Wednesday\n");
          else if(ch=='S')
            {
              printf("Please input second letter(a/u):\n");
              scanf("%c", &ch);
               if(ch=='a')
               printf("Saturday\n");
               else if(ch=='u')
                    printf("Sunday\n");
                  else
                    printf("Error!\n");
            }
          else if(ch=='T')
            {
              printf("Please input second letter(u/h):\n");
              scanf("%c", &ch);
               if(ch=='u')
               printf("Tuesday\n");
               else if(ch=='h')
                    printf("Thursday\n");
                  else
                    printf("Error!\n");
            }
            else
                    printf("Error!\n");
}
```

输入如上参考程序，编译运行，输入 Tu，结果如图 4.24 所示。

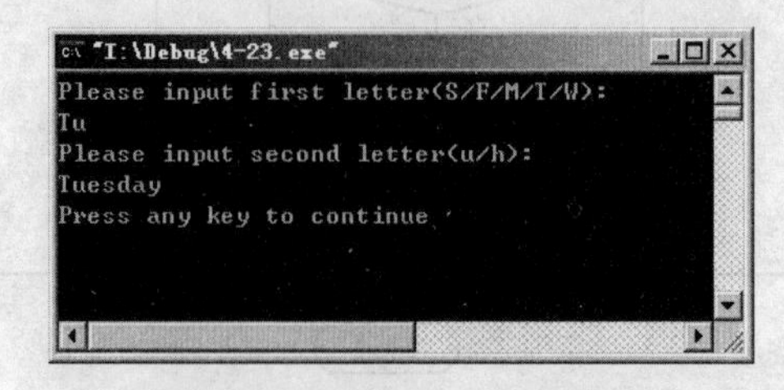

图 4.24 输入 Tu 后运行结果

若输入的不是合法的单词，会提示出错信息，结果如图 4.25 所示。

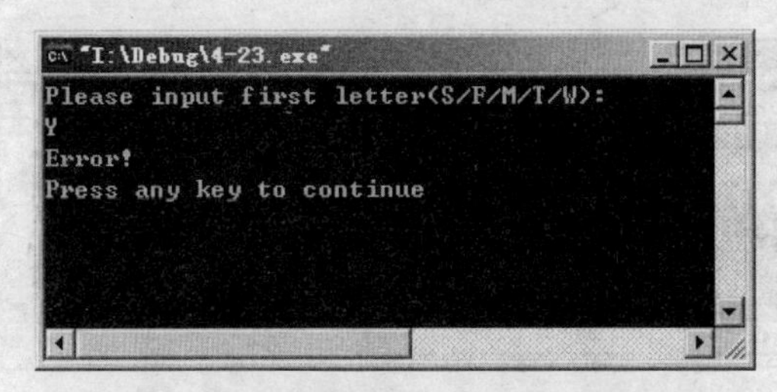

图 4.25　输入非法字符后运行结果

（2）输入某年某月某日，判断这一天是这一年的第几天？

分析：

以 6 月 20 日为例，应该先把前 5 个月的天数加起来，然后再加上 20 天即本年的第几天。其中特殊情况，闰年且输入月份大于 2 时需考虑多加一天，所以程序中还需加上对年份是否闰年的判断，判断结果用变量存放。

参考程序

```
#include "stdio.h"
void main()
{
  int day,month,year,sum,leap;
  printf("Please input data:\n");
  scanf("%d%d%d",&year,&month,&day);
  switch(month)
  {case 1:sum=0;break;
   case 2:sum=31;break;
   case 3:sum=59;break;
   case 4:sum=90;break;
   case 5:sum=120;break;
   case 6:sum=151;break;
   case 7:sum=181;break;
   case 8:sum=212;break;
   case 9:sum=243;break;
   case 10:sum=273;break;
   case 11:sum=304;break;
   case 12:sum=334;break;
   default:printf("The data error!");
  }
   sum=sum+day;
   if(year%400==0||(year%4==0&&year%100!=0))
      leap=1;
   else
      leap=0;
   if(leap==1&&month>2)
      sum++;
   printf("%d month %d day is %d year's %d days.\n",month,day,year,sum);
}
```

输入如上参考程序，编译运行，输入 2012 5 6（闰年 leap=1），结果如图 4.26 所示。

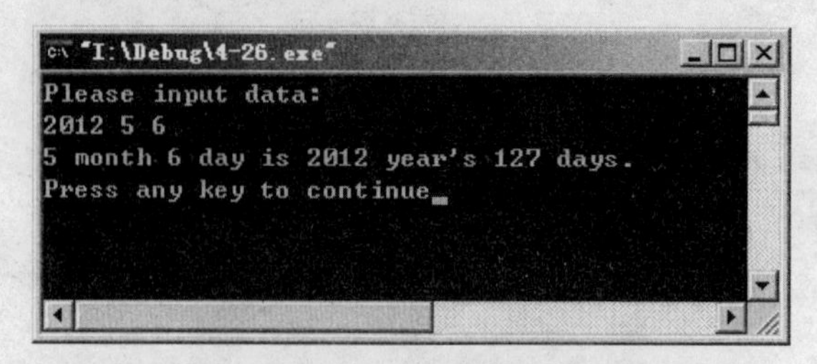

图 4.26　输入闰年后运行结果

若输入平年（leap=0）但日期不变，运行结果如图 4.27 所示。

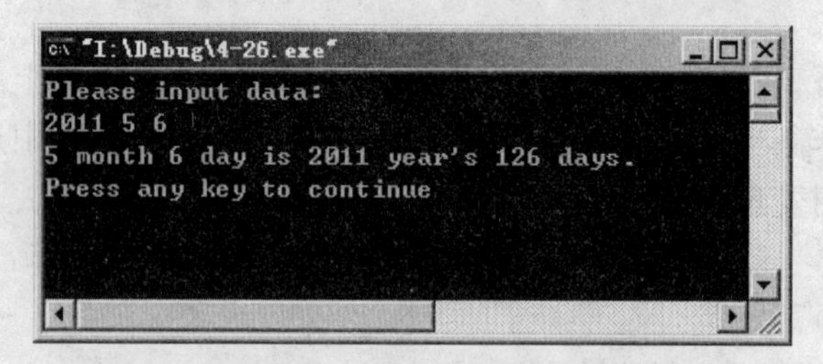

图 4.27　程序运行结果图

两个程序运行结果相差一天，说明是否闰年的判断也正确。

课后思考

实验内容（1）中，若输入 T 然后回车，会出现什么结果？为什么？

第 5 章　循环控制语句

循环结构是 C 语言程序设计中一种很重要的结构，其特点是在给定条件成立时，反复执行某程序段，直到条件不成立为止。给定的条件称为循环条件，反复执行的程序段称为循环体。C 语言提供了多种循环语句，可以组成各种不同形式的循环结构。

5.1　程序验证

5.1.1　while 语句

while 循环的一般形式为：

```
while (条件)
    语句;
```

该语句用来实现“当型”循环结构，其执行过程是：首先判断条件的真伪，当值为真（非 0）时执行的语句，每执行完一次语句后，再次判断条件的真伪，以决定是否再次执行语句部分，直到条件为假时才结束循环，并继续执行循环程序外的后续语句。这里的语句部分称为循环体，它可以是一条单独的语句，也可以是复合语句。while 语句的逻辑结构如图 5.1 所示。

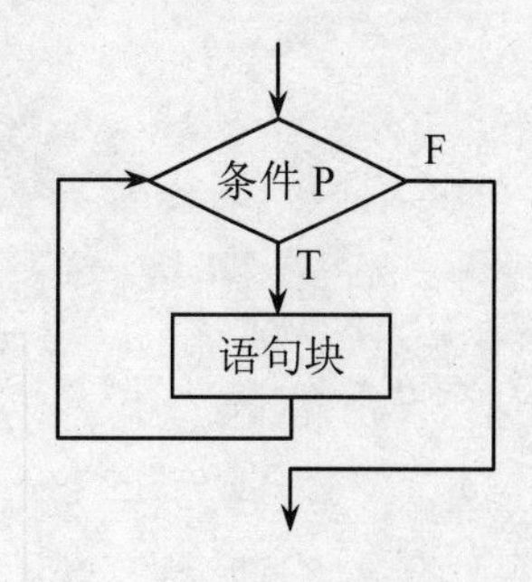

图 5.1　while 循环结构图

在使用 while 语句编写程序时需要注意以下几点：

（1）在 while 循环体内也允许空语句。

例如：

```
while((c=getche())!='\X0D');
```

在该例子中并没有出现执行语句部分，运行时不断地判断条件，直到键入回车为止。

（2）语句可以是语句体，此时必须用“{”和“}”括起来。

```
while(条件)
{
    语句 1;
    语句 2;
    ……
}
```

（3）可以有多层循环嵌套。

例如：

```
while(条件 1)
{
    语句;
    ……
    while(条件 2)
```

```
        {
        语句;
    ......
        }
    }
```

该实例循环体分为内外两层，在求解比较复杂的问题时往往使用嵌套结构。

1. 实验目的和要求

（1）理解循环结构程序段中语句的执行过程。

（2）掌握用 while 语句实现循环的方法。

（3）掌握如何正确地设定循环条件，以及如何控制循环的次数。

2. 实验重点和难点

（1）设定循环条件及控制循环次数。

（2）对程序运行前出现的错误进行调试。

3. 实验内容

（1）输入两个数，求它们的最大公约数和最小公倍数。

程序流程图如图 5.2 所示。

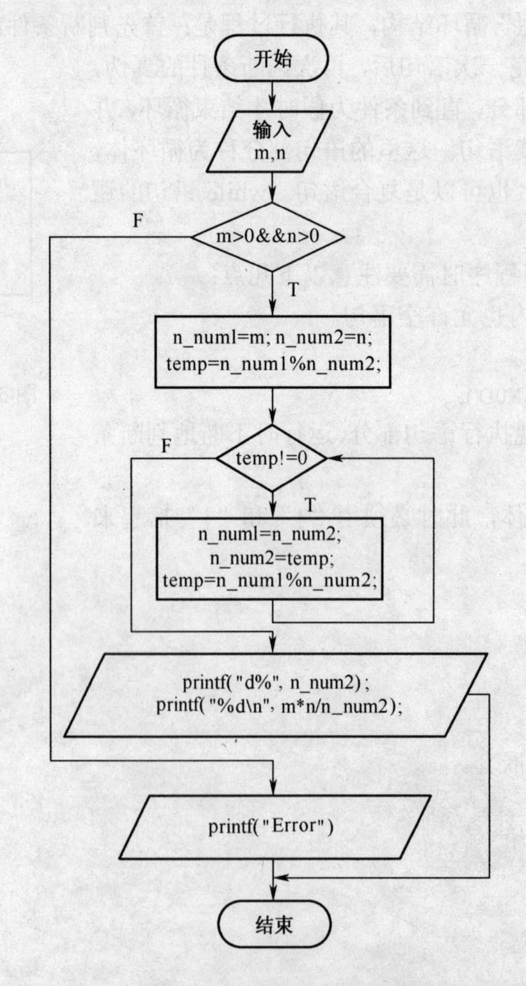

图 5.2 求最大公约数和最小公倍数程序流程图

参考程序

```
#include "stdio.h"
int main()
{
    int m, n;
    int n_num1, n_num2, temp; /*分别表示被除数，除数以及余数*/
    printf("Enter two integer:\n");
    scanf("%d %d", &m, &n);
    if (m > 0 && n >0) /*设置条件判断是否输入数据错误*/
    {
        n_num1 = m;
        n_num2 = n;
        temp = n_num1 % n_num2;
        while (temp != 0) /*判断余数是否为 0，以确定是否结束循环*/
        { /*进行除数与被除数的重新赋值*/
            n_num1 = n_num2;
            n_num2 = temp;
            temp = n_num1 % n_num2;
        }
        printf("最大公约数是: %d\n", n_num2);
        printf("最小公倍数是: %d\n", m * n / n_num2);
    }
    else printf("Error!\n");
    return 0;
}
```

分析：

求取最大公约数和最小公倍数是经典的 C 语言问题，一般采用辗转相除法来解决，该算法描述如下：

1）最大公约数算法描述。

m 对 n 求余为 temp，若 temp 不等于 0。

m <- n，n <- temp 继续求余。

如果 temp 等于 0，则 n 为最大公约数。

2）最小公倍数=两个数的积/最大公约数。

输入如上参考程序，编译运行，输入 15 和 85 两个数，结果如图 5.3 所示。

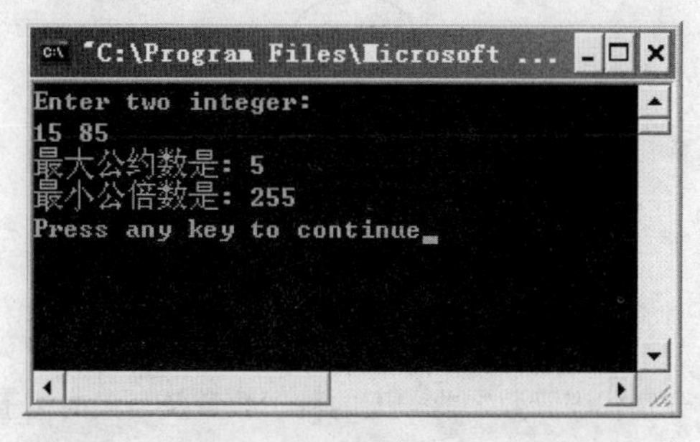

图 5.3　输入值为 15 和 85 的运行结果

如果按照输入格式正确输入参与运算的两个数据，一般能正确运行得到结果，如果在输入时格式不符合要求，比如两个操作数中间用“,”连接，或者输入数据中存在负数，则出现错误提示，如图 5.4 所示。

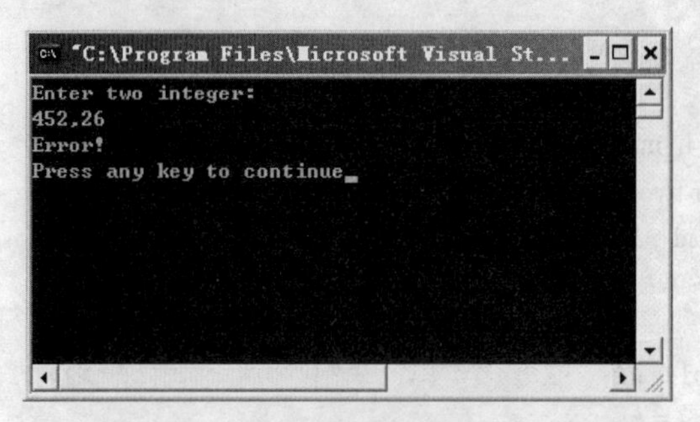

图 5.4 输入时格式错误的运行结果

（2）猴子吃桃问题：猴子第一天摘下若干个桃子，当即吃了一半，不过瘾，又多吃了一个，第二天早上又将剩下的桃子吃掉一半，又多吃了一个，以后每天早上都吃了前一天剩下的一半零一个，到第 10 天早上想再吃时，见只剩下一个桃子了。求第一天共摘了多少个桃子？

程序流程图如图 5.5 所示。

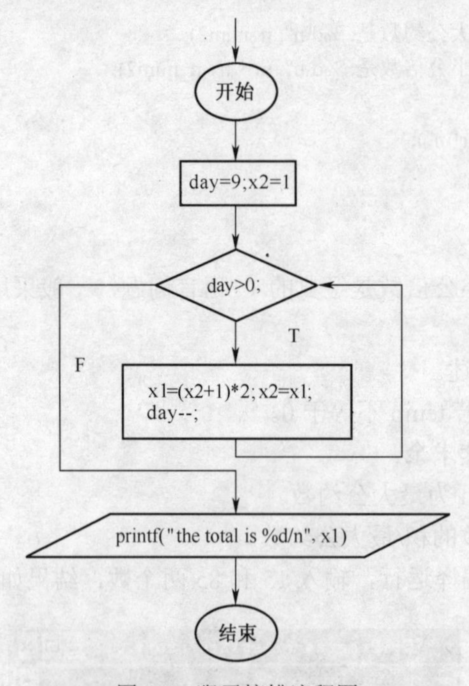

图 5.5 猴子摘桃流程图

参考程序

```
#include "stdio.h"
main()
{
    int day,x1,x2;/*分别代表天数，前一天的桃子数量及当天的桃子数量*/
    day=9;
    x2=1;/*第 9 天时桃子数量为 1*/
    while(day>0)
```

```
    {/*第一天的桃子数是第 2 天桃子数加 1 后的 2 倍*/
        x1=(x2+1)*2;
        x2=x1;
        day--;
    }
    printf("the total is %d\n",x1);
}
```

分析：

在该题目中，第 9 天时剩余一个桃子，因此可以倒退求解出第一天共有多少桃子。由于每一天桃子的数量都按照一定的规则变化，所以在计算的同时要对天数进行计数，考虑使用 while 循环结构解决。

题目中设置变量 x1 和 x2，并设置 x2 的初始值为 1，表示第 9 天时剩余的数量，此时 x1 表示前一天即第 8 天的桃子数量，因为第一天的桃子数是第 2 天桃子数加 1 后的 2 倍，则使用表达式(x2+1)*2 对 x1 进行赋值，并根据天数设置循环条件，最终求取到结果，运行程序后结果如图 5.6 所示。

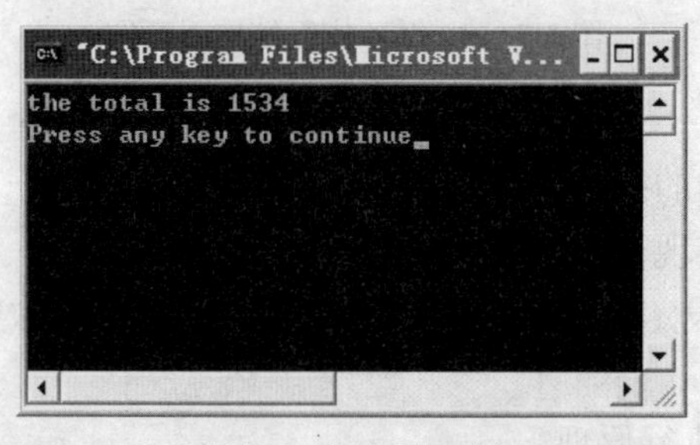

图 5.6 运行结果图

课后思考

（1）实验内容（1）的流程图如果要求以 N-S 图实现，如何修改？

（2）实验内容（2）改为“第 13 天想吃时剩余 2 个桃子”，应如何修改程序得到结果？

5.1.2 for 语句

for 语句是 C 语言所提供的功能更强，使用更广泛的一种循环语句。其一般形式为：

```
for(表达式 1;表达式 2;表达 3)
语句;
```

在该结构中各个参数的作用如下：

表达式 1：通常用来给循环变量赋初值，一般是赋值表达式。也允许在 for 语句外给循环变量赋初值，此时可以省略该表达式。

表达式 2：通常是循环条件，一般为关系表达式或逻辑表达式。

表达式 3：通常可用来修改循环变量的值，一般是赋值语句。

这 3 个表达式都可以是逗号表达式，即每个表达式都可由多个表达式组成。3 个表达式都是任选项，都可以省略。该语句的执行过程如下：

（1）首先计算表达式 1 的值。

（2）其次计算表达式 2 的值，若值为真（非 0）则执行循环体一次，否则跳出循环。

（3）最后计算表达式 3 的值，转回第（2）步重复执行。

在整个 for 循环过程中，表达式 1 只计算一次，表达式 2 和表达式 3 则可能计算多次。循环体可能多次执行，也可能一次都不执行，执行过程如图 5.7 所示。

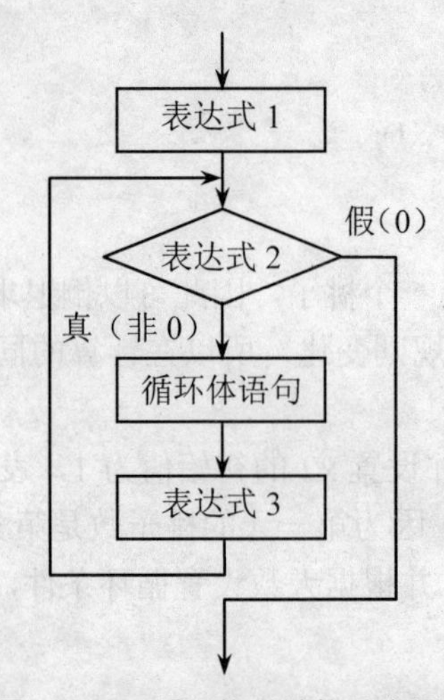

图 5.7　for 循环执行结构示意图

1. 实验目的和要求

（1）理解 for 循环结构的执行过程。

（2）掌握用 for 语句实现循环的方法。

（3）掌握如何正确地设定循环条件，以及如何控制循环的次数。

2. 实验重点和难点

（1）条件均为空时的执行原理。

（2）嵌套循环的执行原理。

3. 实验内容

（1）输入 n 值，输出如下所示高为 n 的等腰三角形。

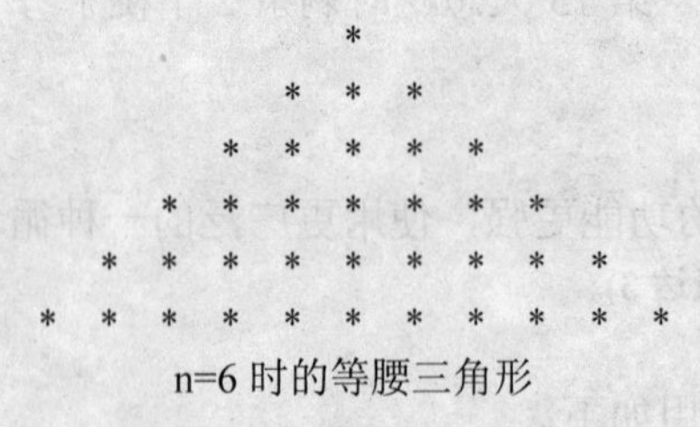

n=6 时的等腰三角形

程序流程图如图 5.8 所示。

参考程序

```
#include "stdio.h"
main( )
{
     int i,j,n;
     printf("\nPlease Enter n: ");
     scanf("%d",&n);
     for(i=1;i<=n;i++)
          {
               for(j=1;j<=n-i;j++)
```

```
            printf("");
        for(j=1;j<=2*i-1;j++)
            printf("*");
        printf("\n");
    }
}
```

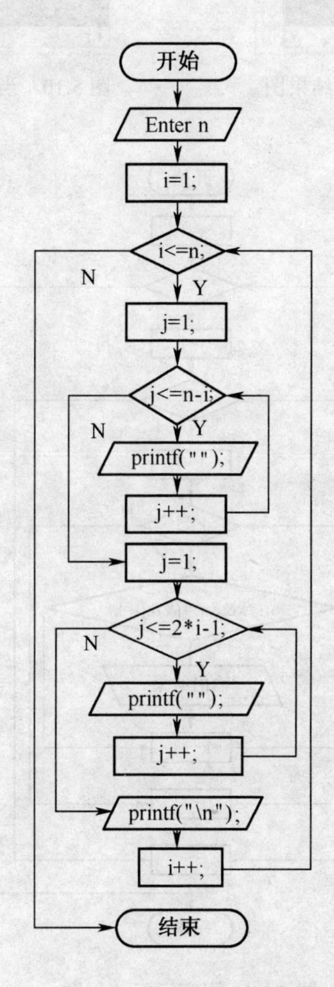

图 5.8　程序执行流程图

分析：

题目要求输出等腰三角形，首先观察图形发现规律：每行“*”前的空格数量恰好为所在行数减去 1，每行中“*”的个数都是奇数且数量逐行增加，其数目恰好为所在行 i 的 2 倍减去 1，知道该规律，就可以设计循环编写程序。

因为要求程序运行时首先输入等腰三角形行数，所以使用 scanf()函数将行数存储在变量 n 中。外层循环从 1 到 n 控制输出行数，内层循环需要 2 个，分别控制空格数目和“*”数目；控制空格时循环变量从 1 到 n-i，符合观察空格时的规律，控制“*”时循环变量从 1 到 2*i-1，同样符合“*”输出的规律。程序运行结果如图 5.9 和图 5.10 所示。.

（2）数字 1、2、3、4 能组成多少个互不相同且无重复数字的三位数？请打印输出。

程序流程图如图 5.11 所示。

```
"C:\Program Files\Microsoft...
Please Enter n:5
    *
   ***
  *****
 *******
*********
Press any key to continue_
```

图 5.9 当 n 为奇数 5 时的运行结果图

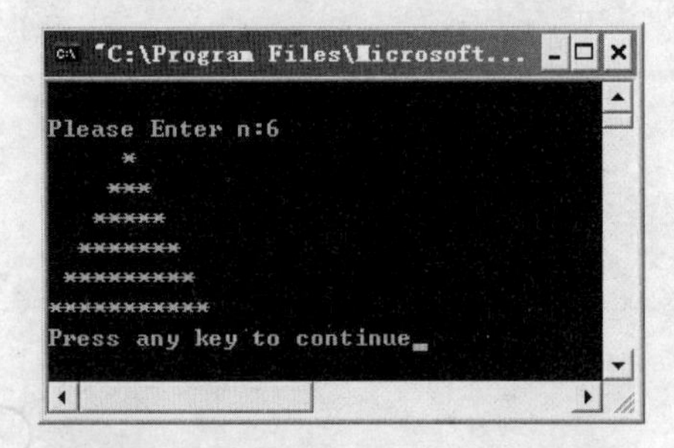

图 5.10 当 n 为偶数 6 时的运行结果图

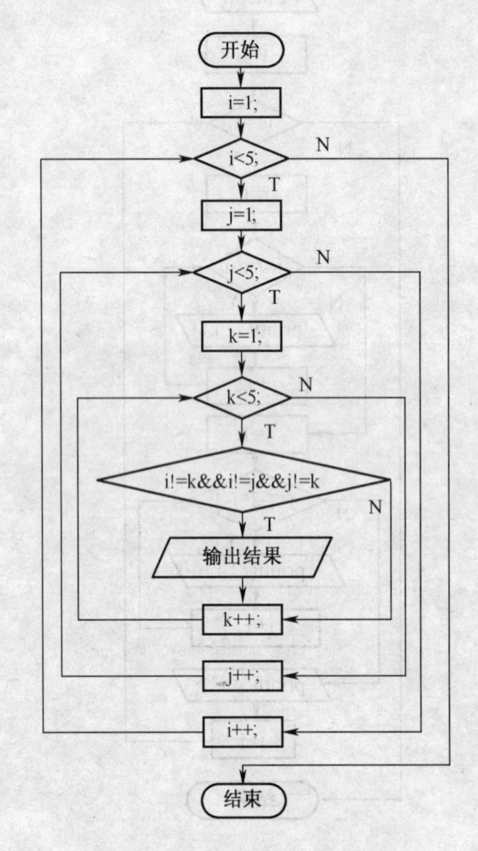

图 5.11 程序运行流程图

参考程序

```
#include "stdio.h"
main()
{
    int i,j,k,m=0;
    printf("\n");
    for (i=1;i<5;i++)
        for (j=1;j<5;j++)
            for (k=1;k<5;k++)
            {
                if (i!=k&&i!=j&&j!=k)
                {
```

```
                printf("%d,%d,%d",i,j,k);
                printf("\t");
                m++;
                if (m%5==0) printf("\n");
            }
        }
    printf("\n");
}
```

分析：

对该类问题求解时，可以考虑使用穷举法。程序要求得到 3 位数，而每位可取的值是 1 到 4 中的任何一个，所以使用循环时循环变量从 1 到 4，但需要控制的是无重复出现，所以控制条件为“i!=k&&i!=j&&j!=k”，只要满足该条件就算符合要求。

为了控制输出结果时的美观程度，可以设置变量 m，该变量初始值为 0，每找到一个满足要求的结果，该值进行自加操作，当该值是 5 的倍数时控制换行，这样做就可以控制每行输出 5 个结果，视觉效果更好，该做法在很多程序中都可以应用。程序运行结果如图 5.12 所示。

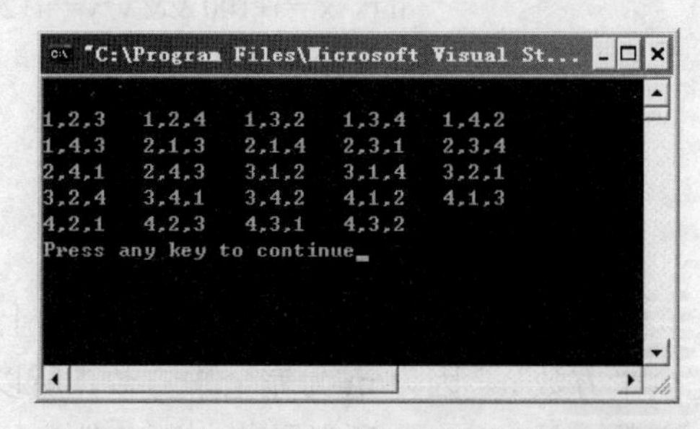

图 5.12　程序运行结果图

（3）求 10000 内的整数，使它加上 100 后是一个完全平方数，再加上 168 又是一个完全平方数，求出该数并输出。

程序流程图如图 5.13 所示。

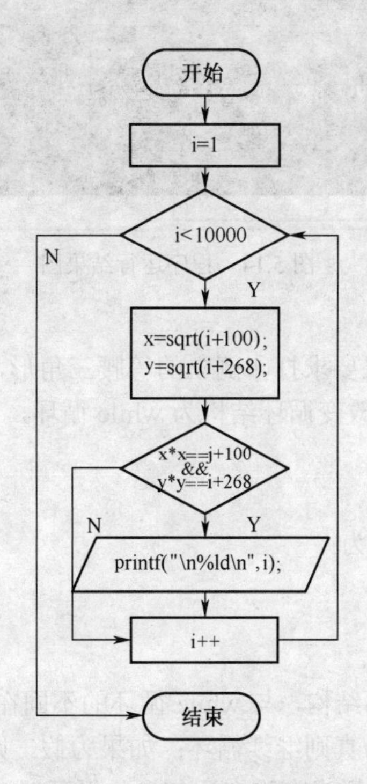

图 5.13　程序运行流程图

参考程序

```
#include "stdio.h"
#include "math.h"
int main()
{
    long int i,x,y;
    for (i=1;i<10000;i++)
    {
        x=sqrt(i+100);/*x 为加上 100 后开方后的结果*/
        y=sqrt(i+268); /*y 为再加上 168 后开方后的结果*/
        /*如果一个数的平方根的平方等于该数，这说明此数是完全平方数*/
        if (x*x==i+100 && y*y==i+268)
            printf("\n%ld\n",i);
    }
    return 0;
}
```

分析：

假定 i 为题目要求的整数，该整数加上 100 后得到完全平方数 m，再加 168 后得到另一个完全平方数 n。因为 m 为完全平方数，所以 m 为正数，且 m=x*x；y 为正整数；同样的道理 n 为正数，且 n=y*y，所以最终判断条件为 x*x==i+100 && y*y==i+268 是否为真，如果为真，表明 i 就是所求的结果。程序运行结果如图 5.14 所示。

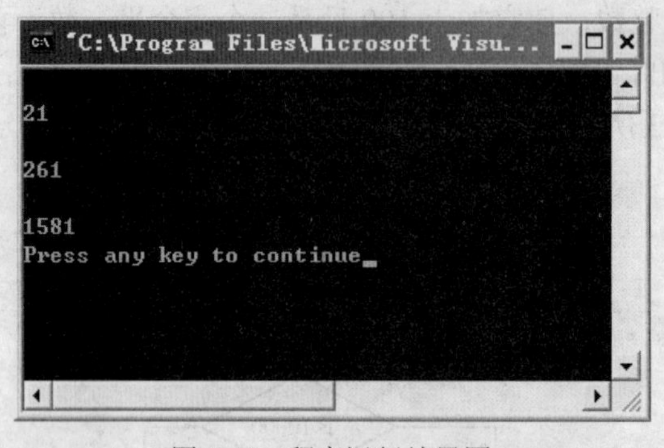

图 5.14　程序运行结果图

课后思考

（1）实验内容（1）中如果要求打印倒立的等腰三角形，如何实现？

（2）修改实验内容（3），改变循环结构为 while 循环，如何实现？

5.1.3　do…while 语句

do…while 循环的一般格式为：

```
do
  语句;
while(条件);
```

该结构实现“直到型”循环结构，与 while 循环的不同在于：它先执行循环中的语句，然后再判断条件是否为真，如果为真则继续循环；如果为假，则终止循环。因此，do…while 循环至少要执行一次循环语句。同样当有许多语句参加循环时，要用“{”和“}”把它们括起来。

do…while 语句循环结构如图 5.15 所示。

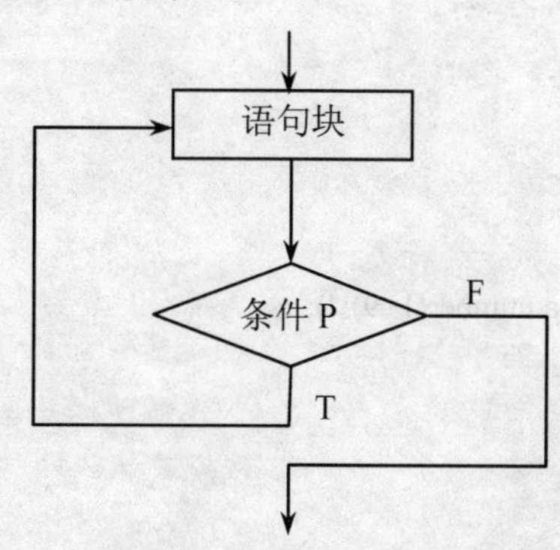

图 5.15 do…while 循环结构图

1. 实验目的和要求

（1）理解循环结构程序段中语句的执行过程。

（2）掌握用 do…while 语句实现循环的方法。

（3）掌握如何正确地设定循环条件，以及如何控制循环的次数。

2. 实验重点和难点

（1）设定循环条件及控制循环次数。

（2）对程序运行前出现的错误进行调试。

3. 实验内容

（1）求 sn=a+aa+aaa+aaaa+aaaaa+…，表达式最后一个数是 5 位，a 是一个数字。程序流程图如图 5.16 所示。

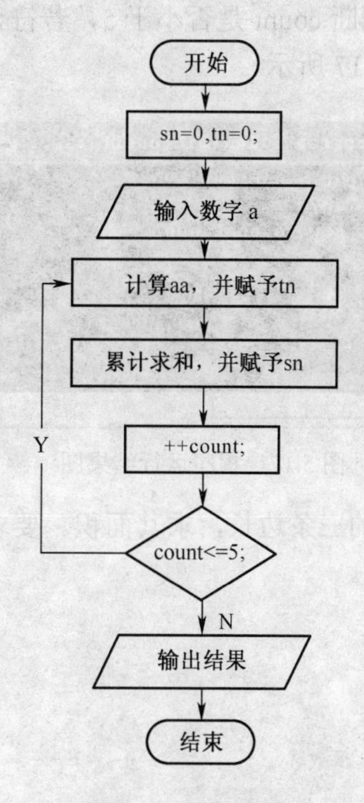

图 5.16 程序流程图

参考程序

```
#include "stdio.h"
void main()
{
        int a,count=1;
        long int sn=0,tn=0;
        printf("please input a number(1~9):");
        scanf("%d",&a);
        do
        {
                tn=tn+a;
                sn=sn+tn;
                a=a*10;
                ++count;
        }
        while (count<=5);
        printf("a+aa+...=%ld\n",sn);
}
```

分析：

观察该题目要求，发现待求和的数据存在一定的规律性，只要能拼合出一系列符合该规律的数据，进行合计运算即可。

为实现拼合数据的要求，设置临时变量 tn，设置初始值为 0。首先将用户输入的整数 a 与 tn 相加求和，然后使用赋值语句“a=a*10”改变 a 的值再与 a 相加求和，这样就可以得到两位数的符合规律的数据，同理可以重复得到不同位数的符合题目规律要求的数据。设置计数器变量 count，执行 do…while 循环时判断 count 是否小于 5，若符合条件，进行累加操作，否则打印最终结果。题目运行结果如图 5.17 所示。

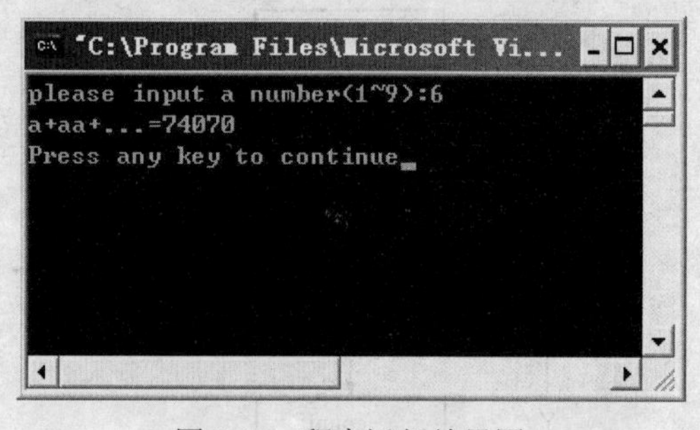

图 5.17 程序运行结果图

（2）编写程序，输入三角型的三条边长，求其面积。要求检查三条边是否满足构成三角形的条件，如不能，给出错误提示。

程序流程图如图 5.18 所示。

参考程序

```
#include "stdio.h"
#include "math.h"
void main()
{
        int flag=0;
```

```
    float a,b,c,s;
    do
    {
        printf("Please enter a b c:");
        scanf("%f %f %f",&a,&b,&c);
        if(a>b+c || b>a+c || c>a+b)
            {
            flag=1;
            printf("您输入的边长度不能构成三角形!\n");
            }
    }
    while(flag);
    s=(a+b+c)/2;
    printf("S=%f\n",s=sqrt(s*(s-a)*(s-b)*(s-c)));
}
```

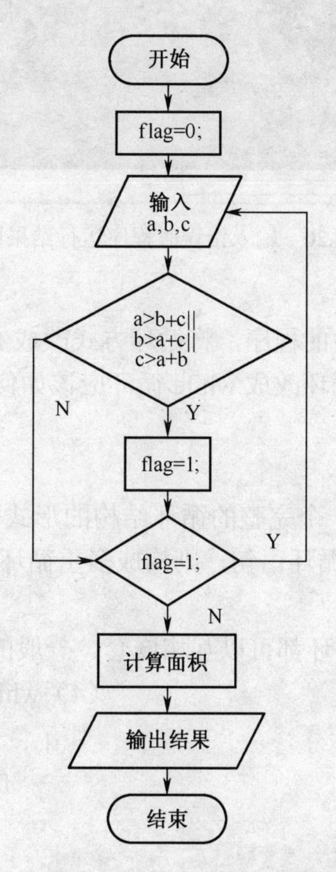

图 5.18　程序运行流程图

分析：

求三角形面积是一个非常简单的题目，但由于题目要求判断三角形三条边的长度是否符合三角形要求，因此使用 do…while 语句实施判断。

设置标志位 flag，并初始化为 0，程序运行时首先输入三条边的长度，如果任意两条边的长度之和小于第三条边的长度，就设置 flag=1，并给出错误提示。判断 flag 是否为 1 决定是否再次执行循环体中的语句，如果为 1 说明输入的三条边不符合要求，重新输入，否则计算面积并输出显示。程序运行结果如图 5.19 和图 5.20 所示。

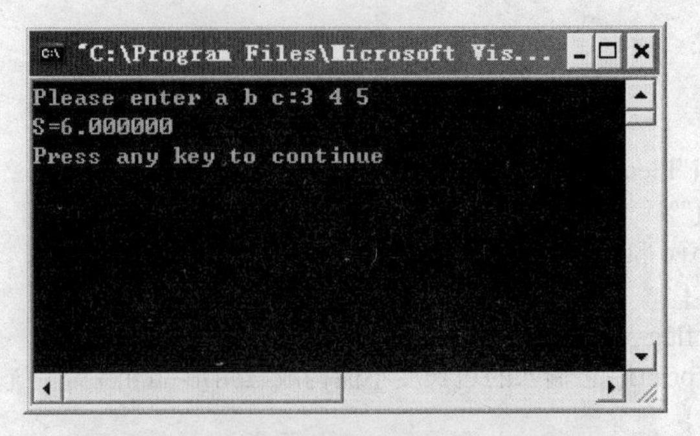

图 5.19 输入正确时程序运行结果图

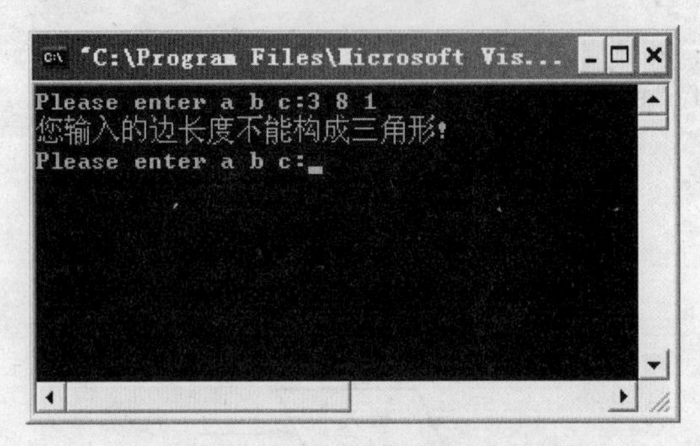

图 5.20 输入错误时程序运行结果图

课后思考

（1）请修改实验内容（1）中的程序，将循环方式改成 for 循环实现。

（2）将实验内容（2）中的循环改成 while 循环应该如何实现？

5.1.4 多重循环结构

在循环体语句中又包含有另一个完整的循环结构的形式，称为循环的嵌套（又称双重循环）。如果内循环体中又有嵌套的循环语句，则构成多重循环。嵌套在循环体内的循环体称为内循环，外面的循环称为外循环。

while、do…while、for 三种循环都可以互相嵌套。一般的双重循环嵌套形式如下所示：

（1）
```
while ()
{   …
    while ()
    …
}
```
（2）
```
for (;;)
{
    …
    for (;;)
    …
}
```
（3）
```
do{
    …
```
（4）
```
while ()
{…
    for (;;)
    …
}
```
（5）
```
for (;;)
{
    …
    while (;;)
    …
}
```
（6）
```
do{
    …
```

```
    do{
    …
    }while ();
    …
}while ();
```

```
for (;;);
…
}while ();
```

一般的双重循环嵌套流程图如图 5.21 所示。

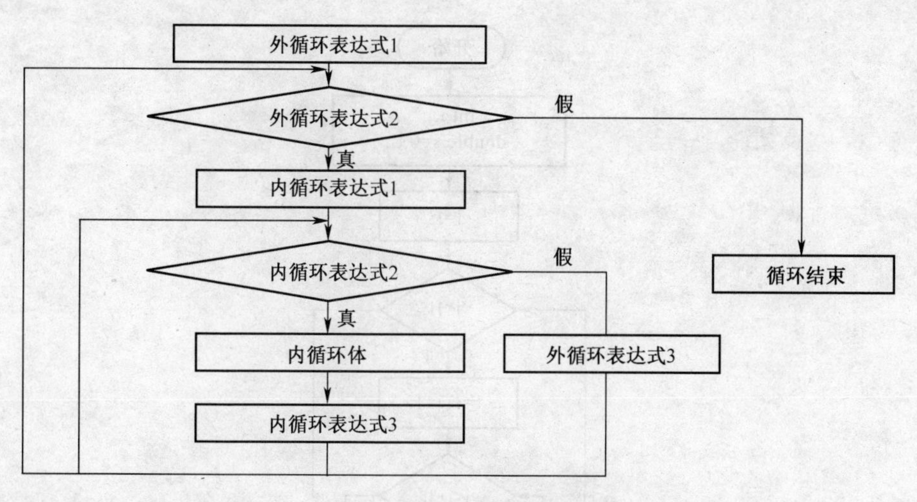

图 5.21　双重循环流程图

1. 实验目的和要求

（1）理解循环嵌套程序段中语句的执行过程。

（2）掌握循环嵌套时各循环变量的设置。

（3）掌握各种双层循环嵌套的适用情况。

2. 实验重点和难点

（1）使用嵌套循环时循环终止条件。

（2）使用不同组合的循环嵌套结构解决问题。

3. 实验内容

（1）求 1!+2!+3!+...+10!。

程序流程图如图 5.22 所示。

参考程序

```
#include <stdio.h>
void main()
{
    int i, j;
    double s = 0, t;
    for (i=1;i<11;i++)
    {
        j=1;
        t=1;
        while (j<i+1)
        {
```

```
                t=t*j;
                j++;
            }
            s=s+t;
        }
        printf( "1!+2!+3!+...+10!=%.2f\n", s );
    }
```

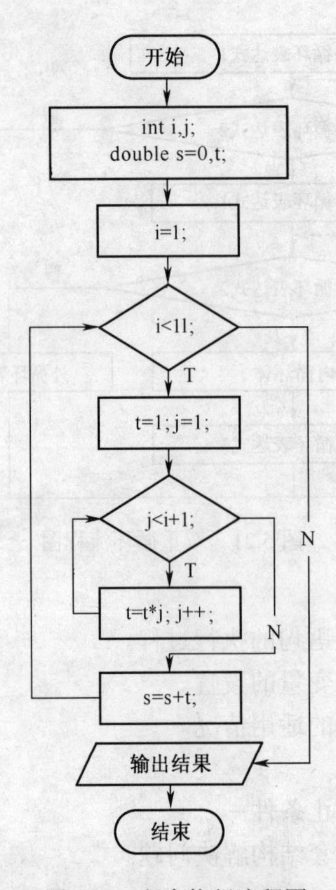

图 5.22　程序执行流程图

分析：

求取阶乘的和是一道经典的 C 语言运算题，由于既要控制累加的次数，又要求出不同数字的阶乘，所以考虑使用循环嵌套。

要求某个数字的阶乘，可以设置结果变量 t，初始值为 1。设置控制循环变量 j 从 1 开始，到该数字结束，循环过程中反复执行 t*j，到循环条件结束时得到阶乘结果。由于题目要求得到从 1 的阶乘加到 10 的阶乘，因此外层循环控制变量的变化范围为 1 到 10，设置累加和变量 s，将内层循环求得的阶乘不断和 s 相加，得到最终结果。程序运行结果如图 5.23 所示。

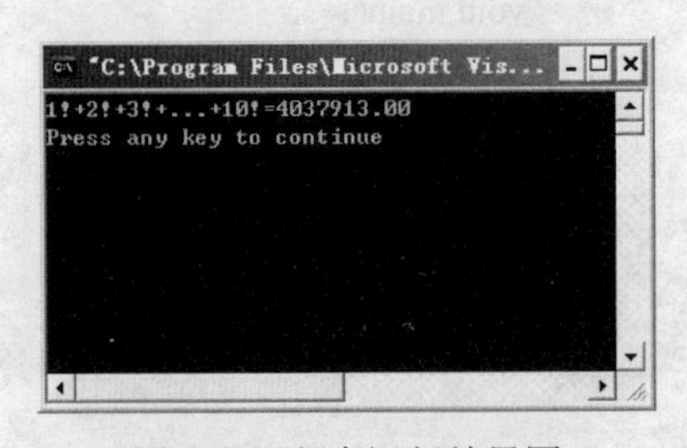

图 5.23　程序运行结果图

（2）求 s=1+(1+2)+(1+2+3)+…+(1+2+…n)，n 要求从键盘输入。

程序流程图如图 5.24 所示。

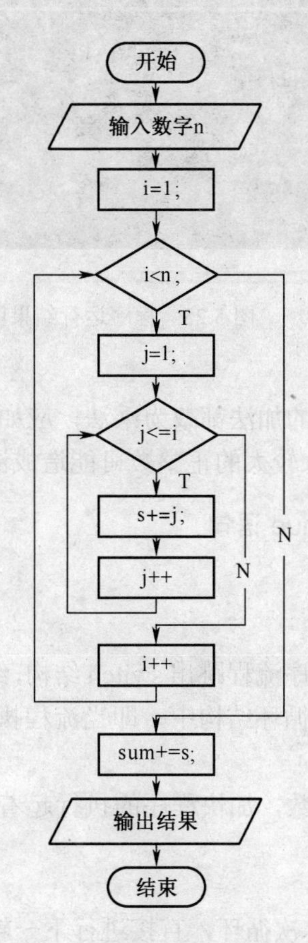

图 5.24　程序运行流程图

参考程序

```
#include "stdio.h"
void main()
{
        int i,j,n,s=0,sum=0;
        printf("请输入一个正整数:");
        scanf("%d",&n);
        for(i=1;i<=n;i++)
                for(j=1;j<=i;j++)
                        s+=j;
        sum+=s;
        printf("1+(1+2)+...+(1+2+...n)=");
        printf("%d\n",sum);
}
```

分析：

题目要求由键盘输入正整数 n，然后计算要求的结果。观察规律，发现给定 n 后，可以通过 n 控制外层循环，实现最终的 n 个数字相加求和。而进一步观察发现，每个参与求和的数据又是一个可以通过循环实现求和的数字，由此确定内层循环，得到最终结果。程序运行效果如图 5.25 所示。

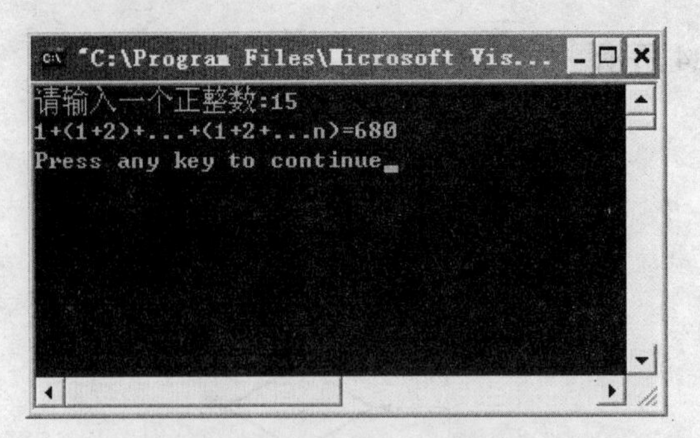

图 5.25 程序运行结果图

课后思考

（1）如果两个实验内容中的加法都改为乘法，应如何修改程序？

（2）实验内容（2）中输入较大的正整数可能造成溢出错误，如何避免，请修改原程序。

5.1.5 break 语句和 continue 语句

break 语句的一般格式：

break;

前面用 break 语句可以使程序流程跳出 switch 结构，继续执行 switch 语句下面的一个语句。实际上，break 语句还可以用于循环结构中，即当流程执行 break 语句时提前结束循环，接着执行循环下面的语句。

break 语句对于减少循环次数，加快程序的执行起着重要的作用。

continue 语句的一般格式：

continue;

continue 语句作用为结束本次循环，直接进行下一轮循环的判断。continue 语句和 break 语句的区别是：continue 语句只是结束本次循环，就是本次循环的 continue 后面其余语句不执行了，接着开始下一轮循环，而不是终止整个循环的执行，而 break 语句则是结束循环，不再进行条件判断。continue 语句只能用于 for，while，do…while 语句中，常与 if 语句配合，起到加速循环的作用。

如果有以下两个循环结构：

（1）
```
while (表达式 1)
{…
if(表达式 2) break;
…}
```

（2）
```
while (表达式 1)
{…
if(表达式 2) continue;
…}
```

两种结构的流程如图 5.26 所示，请注意图中当“表达式 2”为真时流程的转向。结构（1）的表达式 2 为真时，直接退出了循环，而结构（2）的表达式 2 为真时，则是退出当前循环进入下一轮循环。

1．实验目的和要求

（1）理解 break 和 continue 语句的执行过程。

（2）掌握 break 和 continue 语句对应流程图的画法。

（3）掌握 break 和 continue 语句的区别。

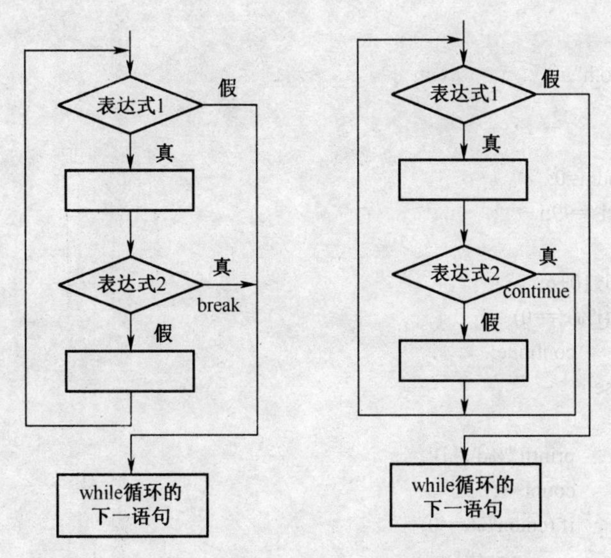

图 5.26　break 语句和 continue 语句流程示意图

2. 实验重点和难点

（1）熟练使用 break 和 continue 语句解决问题。

（2）掌握 break 和 continue 语句的区别。

3. 实验内容

（1）打印 1000 以内个位数字是 6 且能被 3 整除的所有数，要求每行打印 6 个数据。程序流程图如图 5.27 所示。

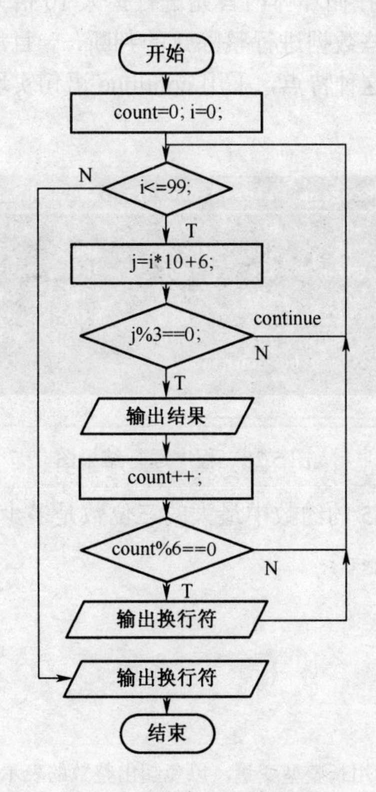

图 5.27　程序运行流程图

参考程序

```
#include "stdio.h"
void main()
{
	int i,j,count=0;
	for (i=0;i<=99;i++)
	{
		j=i*10+6;
		if (j%3!==0)
			continue;
		else
		{
			printf("%d\t",j);
			count++;
			if (count%6==0)
				printf("\n");
		}
	}
	printf("\n");
}
```

分析：

首先观察满足要求数据的特点，1000以内个位数字为6，如果将循环设置为从0到1000，则势必采用穷举法尝试，并且在尝试过程中进行末尾数字为6的判断，效率比较低。更好的方法是将循环设置为从0到99，在循环体内首先进行扩大10倍并且加6的运算，这样就可以得到所有满足要求的数据。用这些数据进行整除3的判断，一旦满足就打印出来，否则跳过当前数据，继续进行循环体。根据这种特点，采用continue语句实现可以满足要求。程序运行结果如图5.28所示。

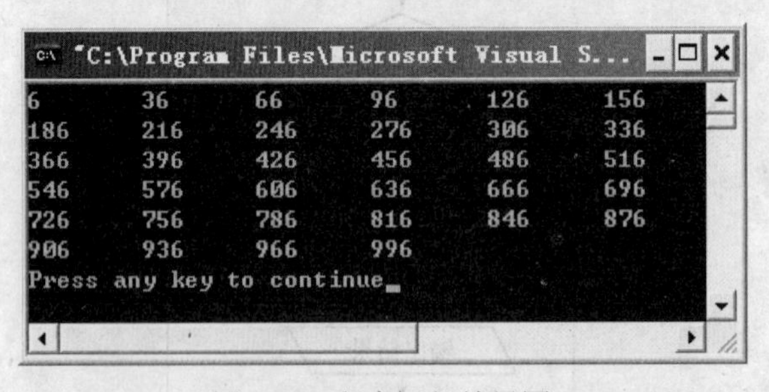

图5.28 程序运行结果图

（2）编写程序求出555555的约数中最大的三位数是多少。

程序流程图如图5.29所示。

参考程序

```
#include <stdio.h>
void main()
{
	int j;
	long n=555555; /*使用长整型变量，以免超出整数的表示范围*/
```

```
    for(j=999;j=>100;j--) /*可能取值范围在 999 到 100 之间，j 从大到小*/
        if(n%j == 0 ) /*若能够整除 j，则 j 是约数，输出结果*/
            {
                printf("The max factor with 3 digits in %ld is: %d.\n",n,j);
                break; /*控制退出循环*/
            }
}
```

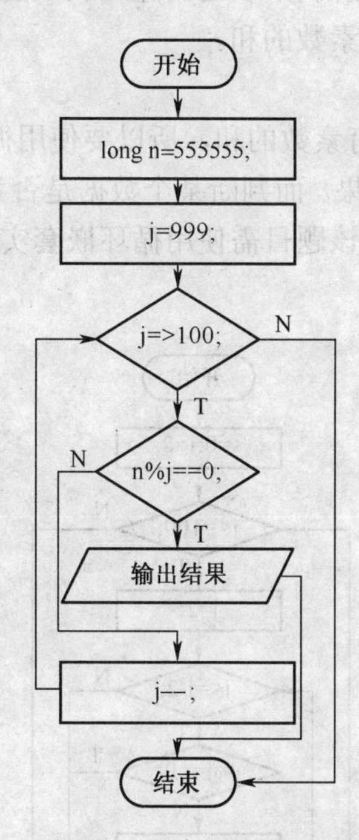

图 5.29　程序运行流程图

分析：

要求出约数中最大的三位数，可以使用穷举法。本例采用 for 循环，为提高求解效率，可以考虑从 999 向 100 逐渐减少进行尝试，一旦得到满足要求的约数，立刻通过 break 语句结束循环，并打印输出结果。运行结果如图 5.30 所示。

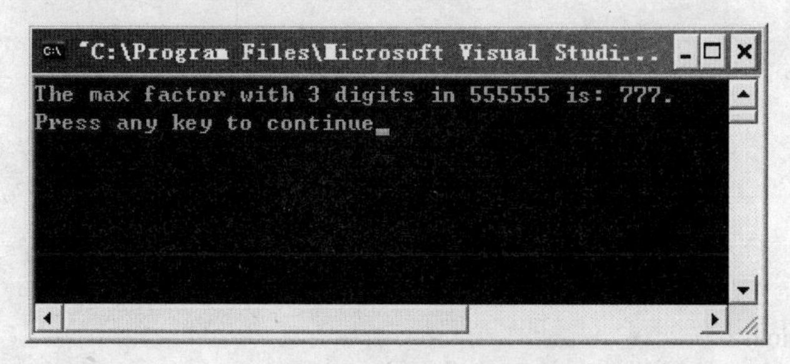

图 5.30　程序运行结果图

课后思考

（1）实验内容（1）中如果要求每行输出 10 个数据，应该如何修改程序？

（2）实验内容（2）中如果要求求取约数中最大的两位数，如何实现？

（3）请尝试将实验内容（2）中的循环改成 while 循环实现。

5.2 举一反三

通过对各种循环结构的学习，应该掌握各种结构的特点及适用条件，以便更好的解决问题。但在实际应用当中，有些问题可以用多种循环结构实现，达到同样的效果，下面就通过一个实例，使用不同的循环结构进行解决，以达到深入认识的目的。

题目要求：计算 100 以内所有素数的和。

参考方法一：

由于题目要求是 100 以内所有素数的和，所以要使用循环进行是否是素数的判断，进而进行求和运算，得到满足要求的结果。而判断某个数据是否为素数，只需要用从 2 到该数一半大小进行整除判断即可，因此解决该题目需使用循环嵌套实现。

参考流程图如图 5.31 所示。

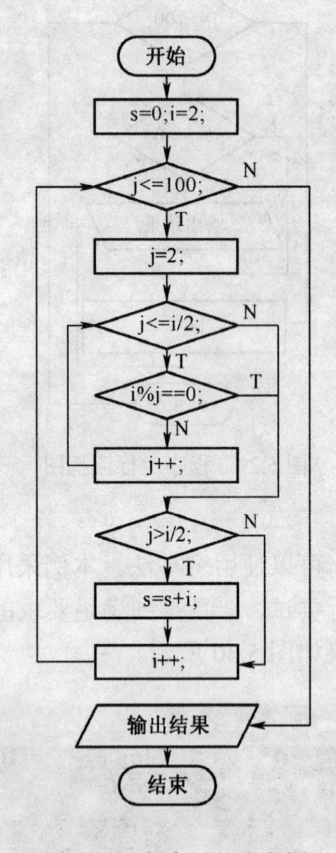

图 5.31 程序运行流程图

参考程序

```
#include <stdio.h>
void main()
{       int i,j,s=0;
        for(i=2;i<=100;i++)             /*  设置循环产生 2～100 之间的数 */
        {
        for(j=2;j<=i/2;j++)             /*  用 2～i/2 的数去除 i */
                if(i%j==0)    break;    /*  有能整除 i 的 j，说明 i 不是素数，退出 */
        if(j>i/2)                       /* i 是素数，因为 2～i/2 没有 i 的因子 */
```

```
            s=s+i;
        }
        printf("100 以内素数之和为：%d\n",s);
    }
```

程序运行结果如图 5.32 所示。

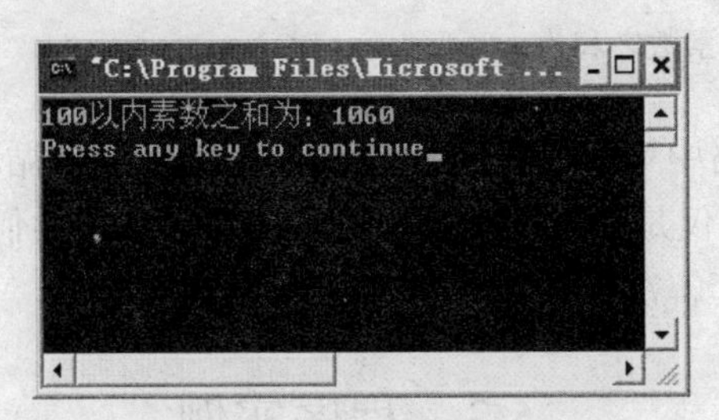

图 5.32　程序运行结果图

参考方法二：

除了使用两个 for 循环求解问题外，还可以使用 while 循环配合 for 循环实现题目的求解，请读者参考流程图 5.31 思考如何实现。

参考程序

```
#include <stdio.h>
void main()
{
    int i,j,s=0;
    i=2;
    while (i<=100)
    {
        for(j=2;j<=i/2;j++)            /* 用 2～i/2 的数去除 i */
            if(i%j==0)   break;        /* 有能整除 i 的 j，说明 i 不是素数，退出 */
        if(j>i/2)                      /* i 是素数，因为 2～i/2 没有 i 的因子 */
            s=s+i;
        i++;
    }
    printf("100 以内素数之和为：%d\n",s);
}
```

参考方法三：

当然在解决问题时也可以不用到 for 循环，而直接使用两个 while 循环达到完成题目要求的功能。请读者在思考该问题后参考如下程序上机实践。

参考程序

```
#include <stdio.h>
void main()
{
    int i,j,s=0;
    i=2;
    while (i<=100)
    {
        j=2;
        while (j<=i/2)
        {
            if(i%j==0)   break;
```

```
                j++;
            }
            if(j>i/2)
                s=s+i;
            i++;
        }
        printf("100 以内素数之和为：%d\n",s);
    }
```

由以上实例的解题思路中可以看出，对不同问题使用多层循环嵌套结构解决问题时，可以适用不同的结构，以上仅仅是其中的一部分解决方案，请同学们思考使用 do…while 循环和 for 以及 while 循环如何嵌套解决该问题。

5.3　程序实例

在本章第一部分程序验证中，各个知识点都通过具体的程序加以验证，并通过程序流程图详细描述了语句执行的先后顺序，对掌握各个知识点的特点及熟练使用这些知识点解决各类实际问题都有非常好的帮助。在本节中将通过两个具体实例对这些内容加以巩固，以达到更好的掌握目的。

（1）编写程序输出 50 以内质数。

程序流程图如图 5.33 所示。

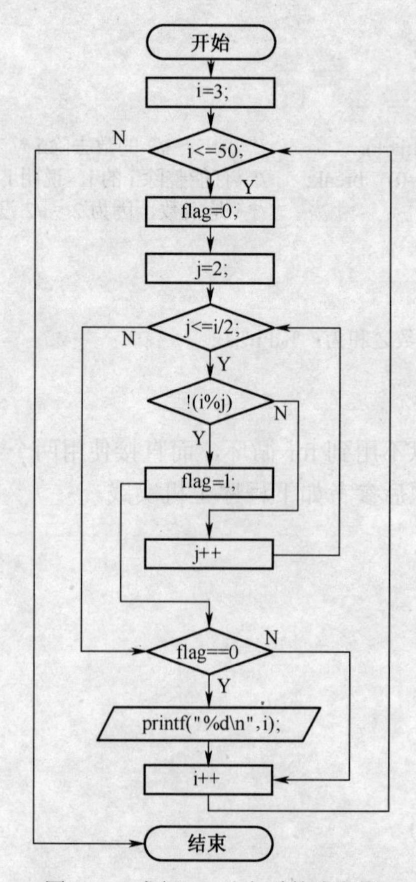

图 5.33　求解 50 以内质数流程图

参考程序

```
#include <stdio.h>                      /*包含输入输出头文件*/
void main()                             /*主函数*/
{
    int flag;                           /*标志是否为质数*/
    printf("2   ");
    for (int i=3;i<=50;i++)             /*从 3 开始数数到 50*/
    {
        flag=0;                         /*初始化，为质数*/
        for (int j=2;j<=i/2;j++)        /*从除以 2 开始，一直除以到 i/2*/
        {
            if (!(i %j) )               /*如果整除（%为取余数）*/
            {
                flag=1;                 /*制标志为 1（不为质数）*/
                break;                  /*跳到下一个数*/
            }
        }
        if (flag==0) printf("%d\n   ",i);
    }
    printf("\n");
}
```

分析：

题目要求出 50 以内的质数，可以考虑使用穷举法解决问题，设置外层循环变量时从 3 开始，因为 2 是唯一的一个偶数并且为质数，所以不用考虑，在输出结果时直接输出就可以了，外层循环到 50 结束，一一尝试。考虑质数的特点，只能被 1 和其本身整除，比本身小的最大约数应该是该数字的一半，即 n/2。所以内层循环变量可以设置为从 2 到 n/2，逐个考察数字 n 能不能被其中任何一个数字整除，如果有满足条件的数字出现，则说明该数字不是质数，此时可借助 break 语句结束内层循环。本程序运行结果如图 5.34 所示。

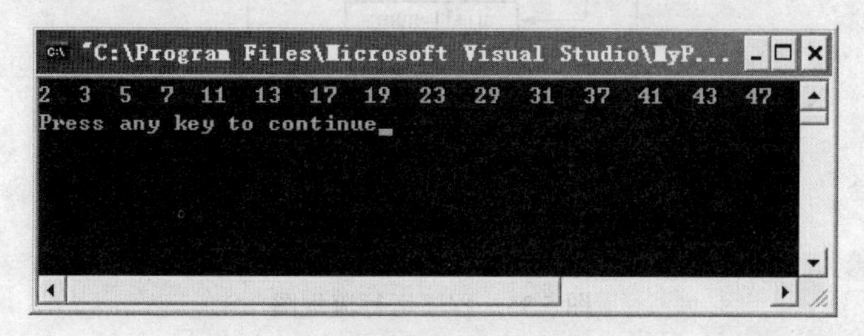

图 5.34　程序运行结果图

（2）从键盘输入 10 个整数，用插入法对输入的数据按照从小到大的顺序进行排序，将排序后的结果输出。

程序流程图如图 5.35 所示。

参考程序

```
#include "stdio.h"
void main()
{
    int i,j,num,a[10];
```

```
    for (i=0;i<10;i++)
    {
        printf("input no. %d:",i+1);
        scanf("%d",&num);
        for (j=i-1;j=>0&&a[j]>num;j--)
            a[j+1]=a[j];
        a[j+1]=num;
    }
    printf("the sorted number:\n");
    for (i=0;i<10;i++)
        printf("%d   ",a[i]);
    printf("\n");
}
```

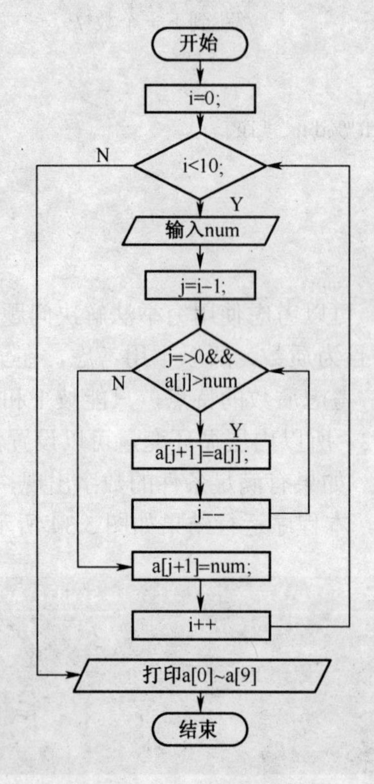

图 5.35 程序运行流程图

分析：

首先分析插入法排序的基本思想。即输入一个数据，检查数组列表中的每个数据，将其插入到一个已经排好序的数列中的适当位置，使数列依然有序，当最后一个数据放入合适位置时，该数组排序完毕。

本题目要求从键盘输入 10 个数据，可以考虑使用 for 循环逐个输入，并设置一个数组存放输入的 10 个数据，在输入数据的过程中直接进行数据比较。例如已经输入的 i-1 个数据是有序数列，输入第 i 个数据时，可以从第 i-1 个数据一直到第一个数据依次和该数比较，如果该数大于比较数据，则继续向前比较，并将这些数据逐个后移，为第 i 个数据腾出插入空间，直到找到小于该数的数据为止，插入该数据到正确位置即可。程序运行结果如图 5.36 所示。

```
"C:\Program Files\Microsoft Vi...
input no. 1:5
input no. 2:6
input no. 3:1
input no. 4:48
input no. 5:62
input no. 6:11
input no. 7:36
input no. 8:99
input no. 9:50
input no. 10:20
the sorted number:
1  5  6  11  20  36  48  50  62  99
Press any key to continue
```

图 5.36　程序运行结果图

第 6 章　函数

6.1　内容回顾

通过学习本章节的内容，了解了函数的定义和调用的方法。函数从用户的角度分为标准函数和用户定义的函数，用户定义的函数分为无参函数和有参函数。函数可以嵌套调用，但不可以嵌套定义。在调用自定义函数之前，应对该函数（称为被调用函数）进行说明，这与使用变量之前要先进行变量说明是一样的。在调用函数中对被调用函数进行说明叫函数声明。形参出现在函数定义中，在整个函数体内都可以使用，离开该函数则不能使用。实参出现在主调函数中，进入被调函数后，实参变量也不能使用。形参和实参的功能是作数据传送。发生函数调用时，主调函数把实参的值传送给被调函数的形参从而实现主调函数向被调函数的数据传送。函数的返回值通过 return 语句实现。

函数地址引用包括变量的地址、指针变量和指针的说明。函数调用时实参和形参如果是指针变量，实参向形参传值是地址传递。

C 语言中的变量，按作用域范围可分为两种，即局部变量和全局变量。局部变量也称为内部变量。局部变量仅在定义它的函数或复合语句内有效。例如函数的形参是局部变量。全局变量也称为外部变量，它是在函数外部定义的变量。它不属于哪一个函数，它属于一个源程序文件。

从变量值存在的时间（即生存期）角度来分，可以分为静态存储变量和动态存储变量。所谓静态存储方式是指在程序运行期间分配固定的存储空间的方式。而动态存储方式则是在程序运行期间根据需要进行动态的分配存储空间的方式。

C 语言的函数定义都是互相平行、独立的，也就是说在定义函数时，一个函数内不能包含另一个函数，这是和 Pascal 不同的。C 语句不能嵌套定义函数，但可以嵌套调用函数，所谓函数的嵌套调用，是指在执行被调用函数时，被调用函数又调用另一个函数。

C 语言根据函数能否被其他源文件中的函数调用，将函数分为内部函数和外部函数。

如果在一个源文件中定义的函数只能被本文件中的函数调用，而不能被同一源程序其他文件中的函数调用，这种函数称为内部函数。如果在一个源文件中定义的函数，除可被本文件中的其他函数调用外，也可被其他文件中的函数所调用，这种函数称为外部函数。外部函数在整个源程序中有效。

编译预处理程序一般包括：宏定义和宏替换、文件包含（又称头文件）、条件编译。

（1）无参函数的定义。

其定义形式为：

类型标识符　函数名()

{

说明部分

语句部分

}

（2）有参函数的定义。其定义形式为：

类型标识符　函数名(形式参数说明 形式参数表)

{

说明部分

语句部分

}

（3）return 语句的一般形式为：

return(表达式);或 return 表达式;或 return;

（4）函数调用的一般形式为：

函数名(实参表列);

（5）对被调用函数进行说明，其一般形式为：

函数类型　函数名(数据类型 1[　参数名 1][, 数据类型 2[　参数名 2]…);

（6）指针说明的一般形式为：

类型区分符　*指针变量名,…;

（7）指针的初始化及引用：

```
int x=1, *px, y;
px=&x;
y=*px;
```

（8）指针和地址作为参数的函数调用。

（9）局部变量仅在定义它的函数或复合语句内有效。例如函数的形参是局部变量。例如：

```
int f1(int a)          /*函数 f1*/
{
    int b,c;        }
    ……              } a,b,c 作用域
}                   }
int f2(int x)          /*函数 f2*/
{                   }
    int y;          } x,y 作用域
}                   }
void main()
{                   }
    int m,n;        } m,n 作用域
}                   }
```

（10）全局变量。

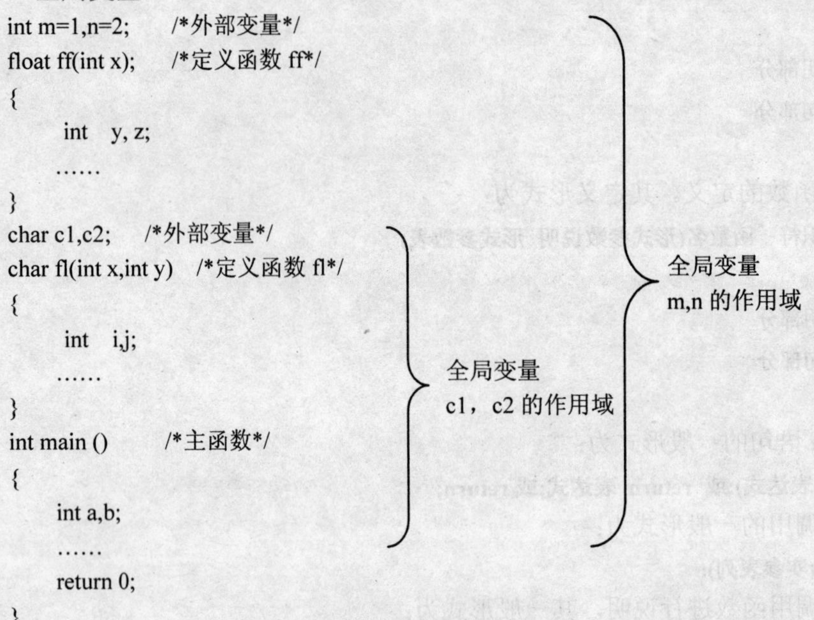

```
int m=1,n=2;        /*外部变量*/
float ff(int x);     /*定义函数 ff*/
{
    int   y, z;
    ……
}
char c1,c2;      /*外部变量*/
char fl(int x,int y)    /*定义函数 fl*/
{
    int   i,j;
    ……
}
int main ()         /*主函数*/
{
    int a,b;
    ……
    return 0;
}
```


（11）对一个变量的说明不仅应说明其数据类型，还应说明其存储类型。所以变量说明的完整形式应为：

存储类型说明符　数据类型说明符　变量名 1,变量名 2…;

（12）函数嵌套调用。

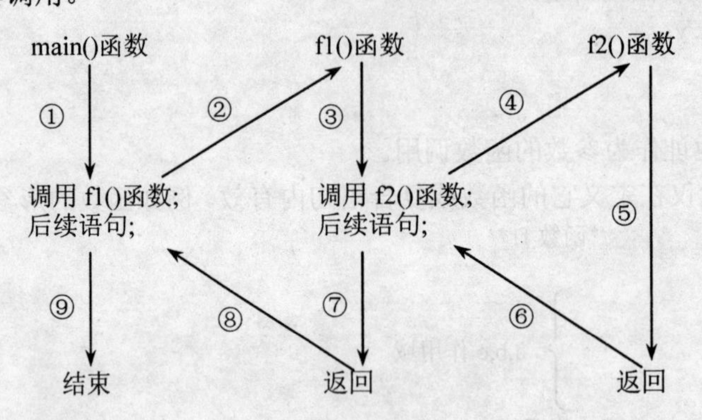

（13）函数递归调用。

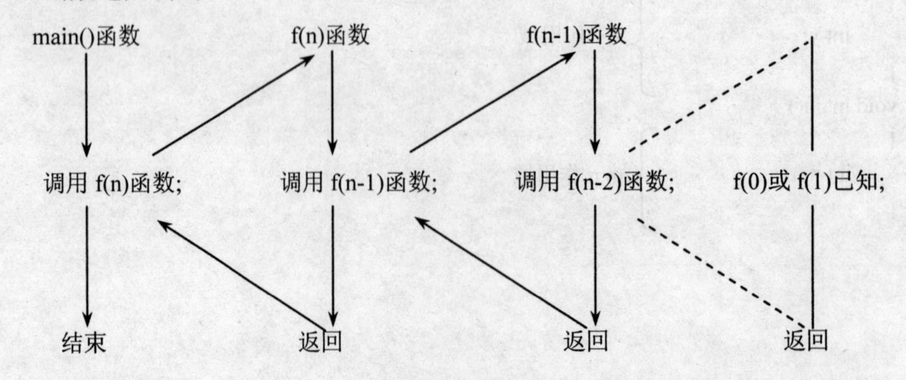

（14）内部函数的一般形式。

static 类型标识符 函数名(形参表)

{……}

（15）外部函数的一般形式。

extern 类型说明符 函数名(形参表)

{……}

6.2　程序验证

1．实验目的和要求

（1）掌握函数的定义和调用方法、掌握实参和形参的概念，正确理解在函数调用过程中实参和形参的对应关系，以及值传递的方式。

（2）掌握并正确使用指针作函数的参数。

（3）掌握函数的嵌套调用和递归调用。

（4）掌握全局变量和局部变量，了解全部变量和局部变量的作用域，正确理解动态变量和静态变量，内部函数和外部函数的概念和使用方法。

（5）通过编程和调试程序，加深对函数概念和函数应用的理解，学习编程和调试的基本方法。

（6）实验前复习函数、实参、形参、嵌套调用、递归调用、全局变量、局部变量、动态变量和静态变量的概念。

2．实验重点和难点

（1）编写并调试程序。

（2）调试程序的注意事项、上机编写 C 语言程序的步骤及错误修改。

3．实验内容

（1）编一个求最大公约数的函数，由主函数来调用并输出结果。

参考程序

```
#include <stdio.h>
hcf (int u,int v)
{
   int    a, b, t, r;
   if(u>v)
   {
      t=u; u=v; v=t;
   }
   a=u; b=v;
   while((r=b%a)!=0)
   {
      b=a; a=r;
   }
   return(a);
}
main()
{
   int u, v, h, l;
   scanf("%d,%d", &u, &v);
```

```
    h=hcf (u, v);
    printf("H.C.F=%d\n", h);
}
```

分析：

使用 hcf 函数首先判断输入的两个数 u，v 的值，令 v 大作为被除数，u 小作为除数，然后令 a=u;b=v;即 b 是被除数，a 是除数。while 语句用来求最大公约数，方法是 b 与 a 求得一个余数 r，如果 r 不是 0，就令除数 a 作为新的被除数，余数 r 作为新的除数，再继续求余，如果还是不为 0，还用同样的方法继续求余，直到余数为 0 时对应的除数 a 就是所要求得的最大公约数。

输入 u，v 的值，调用函数时如果输入的 u 小于 v，u、v 首先先交换，然后开始执行 while 语句。输入 5，7 运行结果如图 6.1 所示。

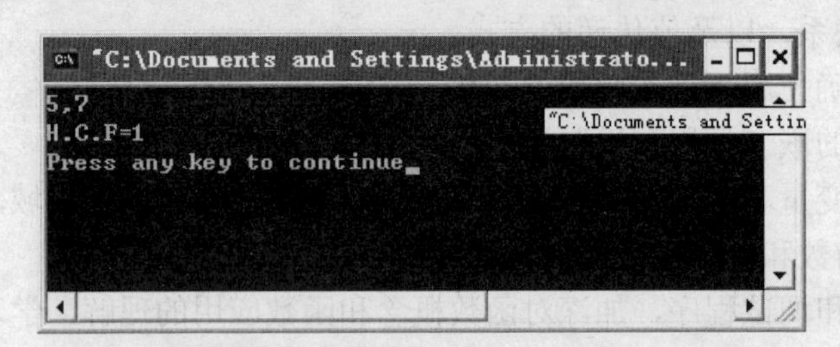

图 6.1　输入 5，7 的运行结果

输入 u，v 的值，调用函数时如果输入的 u 大于 v，u、v 不用交换，就开始执行 while 语句。输入 8，12 运行结果如图 6.2 所示。

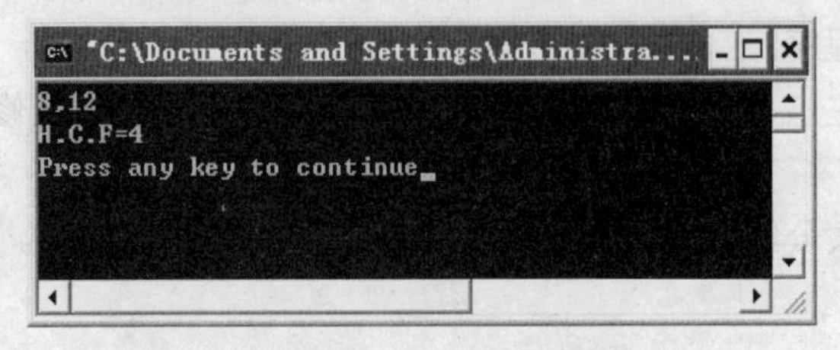

图 6.2　输入 8，12 的运行结果

（2）编写函数实现任意两个整型数据的交换。

```
#include <stdio.h>
void swap(int *x, int *y)
{
int t;
t=*x;*x=*y;*y=t;
}
main()
{
   int a,b;
   scanf("%d,%d",&a,&b);
   swap(&a,&b);
   printf("%d,%d",a,b);
}
```

分析：

该程序中 swap 函数形参使用指针变量，函数实参使用地址，那么在函数调用时函授实参向形参传递的是地址，也就是让指针变量 x 指向 a，指针变量指向 b，即 int *x=&a, *y=&b。*x 表示指针变量所指向的变量，等价于变量 a，*y 表示指针变量所指向的变量，等价于变量 b，因此 t=*x;*x=*y;*y=t;实际上是实现变量 a，b 值的交换。

输入 4，5，程序的运行结果如图 6.3 所示。

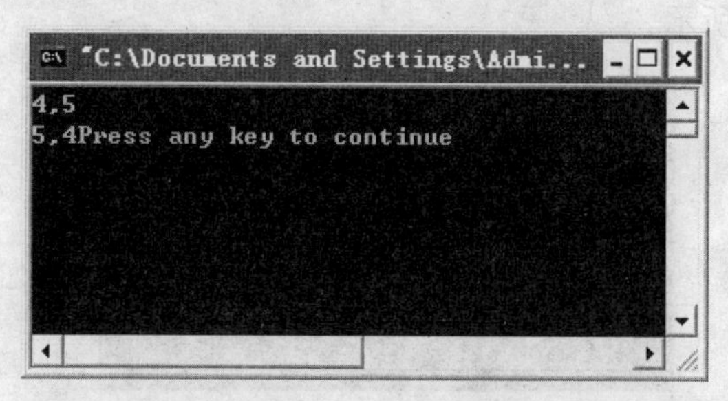

图 6.3　输入 4，5 程序的运行结果

输入 9，8，程序的运行结果如图 6.4 所示。

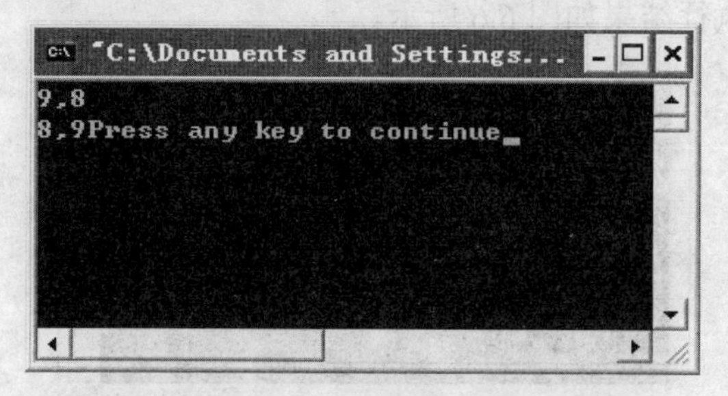

图 6.4　输入 9，8 程序的运行结果

（3）编写函数判断整数 m 是否是素数，若是返回 1，否则返回 0。

```
#include<stdio.h>
#include<math.h>
void main()
  {
     int m;
     int prime(int m);
     printf("请输入一个正整数：\n");
     scanf("%d",&m);
     if (prime(m))
     printf("\n %d 是素数. ",m);
  else
    printf("\n %d 不是素数. ",m);
  }
int prime( int   num)     /*此函数用于判别素数*/
{
  int   flag=1,n;
  for(n=2; n<= sqrt(num) &&flag == 1;n++)
  if (num%n==0)
     flag=0;
    return(flag);
}
```

分析：

判断m是否是素数，其实m不必被2~(m-1)范围内的各整数去除，只需将2~n/2间的整数除即可，甚至只须被2~$\sqrt{m}$之间的整数除即可。例如：判断5是否是素数，只需将5被2除即可，如都除不尽，m必为素数。这样做可以大大减少循环的次数，提高执行效率。输入整数5，执行结果如图6.5所示。

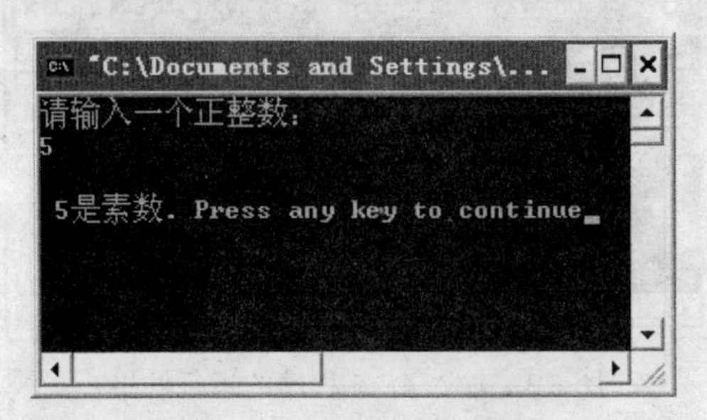

图6.5 输入5的执行结果

程序输入整数6的执行结果如图6.6所示。

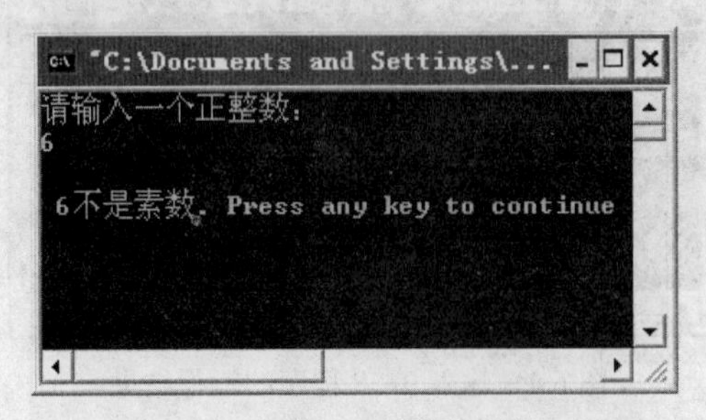

图6.6 输入6的执行结果

（4）编写函数，利用静态存储变量求1!+2!+……+10!。

```
#include<stdio.h>
int main()
{
   int i, s=0;
   int fac(int n);
   for(i=1;i<=10;i++)
   s=s+fac(i);
   printf("1!+2!+……+10!=%d\n", s);
   return(0);
}
int fac( int n)
{
   static int f=1;
   f=f*n;
   return(f);
}
```

分析：

函数fac()是求阶乘的一个函数，main()主函数中的for语句构成一个循环，循环每执行一次，函数fac()调用一次，函数fac()中f是静态存储变量，那么f在每次函数调用结束后，空间不释放，因此 f 能保留函数执行后的值，例如：i=1 时，fac(1)执行后，f 的值是 1，即 1!。i++后，i=2，fac(2)开始执行，f=f*2，因此 fac(2)执行后，f 的值为 2，即 2!，因此 fac(n)即求 n!。main()主函数中 for 语句循环体中的 s 可以累计求 1!+2!+……+10!。执行结果如图 6.7 所示。

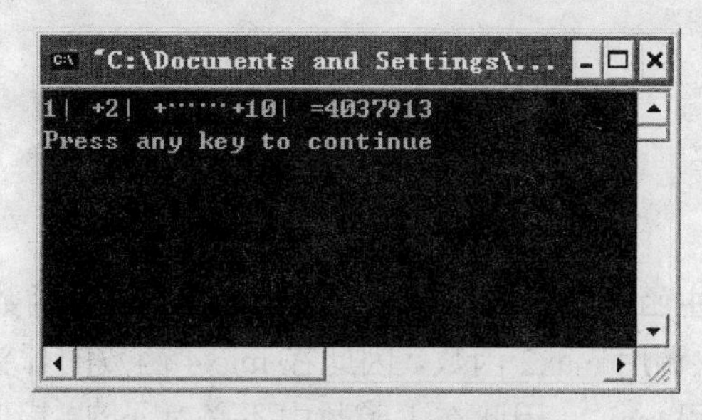

图 6.7　程序的执行结果

举一反三

如果把循环语句中的 n 的值改成任意一个值，那么就可以求任意一个值的阶乘，例如把 n 的值改成 5，程序的执行结果如图 6.8 所示。

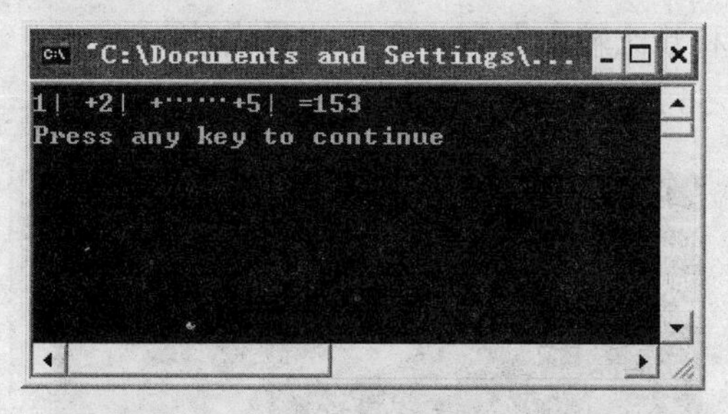

图 6.8　n=5 程序的执行结果

（5）输入 4 个整数，找出其中最大的数。用函数的嵌套调用来处理。

```
#include<stdio.h>
int main()
{
  int max4(int a,int b,int c,int d);
  int a,b,c,d,max;
  printf("Please enter 4 integer numbers:");
  scanf("%d%d%d%d",&a,&b,&c,&d);
  max=max4(a,b,c,d);
  printf("max=%d\n",max);
  return 0;
}
int max4(int a,int b,int c,int d)
{
  int max2(int a ,int   b);
  int m;
  m=max2(a,b);
  m=max2(m,c);
  m=max2(m,d);
  return(m);
```

```
}
int max2(int a, int b)
{
  if(a>=b)
  return a;
  else
  return b;
}
```

分析：

可以清楚地看到，在主函数中要调用 max4 函数，因此在主函数的开头要对 max4 函数作声明。在 max4 函数中三次调用 max2 函数，因此在 max4 函数的开头要对 max2 函数声明。由于在主函数中没有直接调用 max2，因此在主函数中不必对 max2 声明，只需要在 max4 函数中声明即可。

函数不能嵌套定义，但可以嵌套调用，main 主函数中调用了 max4 这个函数，在执行 max4 的过程中又嵌套调用了三次 max2 这个函数。max2 这个函数的功能是求两个数的最大值。max4 函数的功能是先求 a 和 b 的最大值，接着拿二者的最大值和 c 比较，得到 a，b，c 的最大值，最后 a，b，c 的最大值再和 d 比较，得到 4 个数的最大值。

程序输入 6、9、23、56 之后的执行结果如图 6.9 所示。

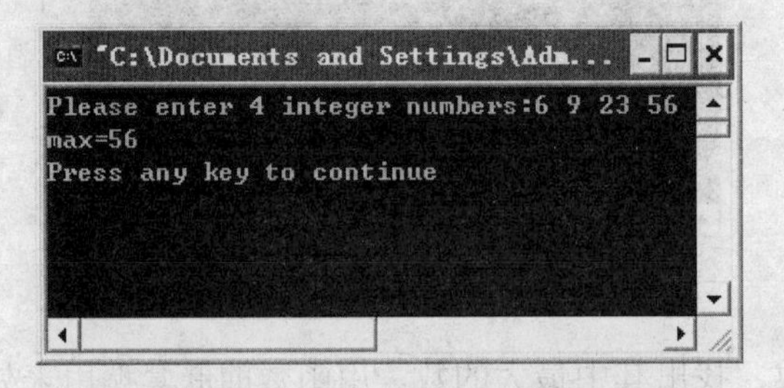

图 6.9　输入 6、9、23、56 四个数的执行结果

程序也能对负数求最大值，执行结果如图 6.10 所示。

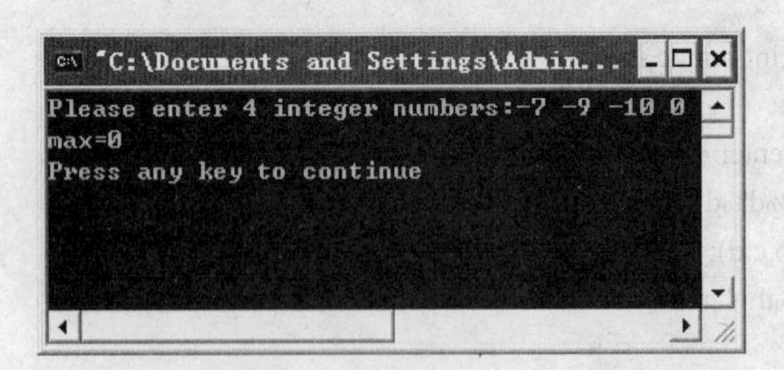

图 6.10　输入-7、-9、-10、0 四个数的执行结果

举一反三

如果把函数 max2 中语句 if 后的表达式 a=>b 改成 a<=b，把 max 改成 min 就可以实现求四个整数的最小值。

```
#include<stdio.h>
int main()
{
  int min4(int a,int b,int c,int d);
```

```
    int a,b,c,d,min;
    printf("Please enter 4 integer numbers:");
    scanf("%d%d%d%d",&a,&b,&c,&d);
    min=min4(a,b,c,d);
    printf("min=%d\n",min);
    return 0;
}
int min4(int a,int b,int c,int d)
{
    int min2(int a ,int   b);
    int m;
    m=min2(a,b);
    m=min2(m,c);
    m=min2(m,d);
    return(m);
}
int min2(int a, int b)
{
    if(a<=b)
    return a;
    else
    return b;
}
```

程序输入 7、5、10、58 的执行结果如图 6.11 所示。

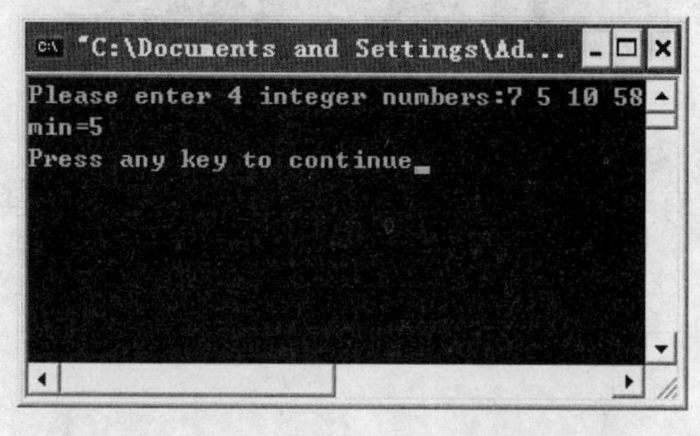

图 6.11　输入 7、5、10、58 的执行结果

（6）有 5 个人坐在一起，问第 5 个人多少岁？他说比第 4 个人大两岁。问第 4 个人岁数，他说比第 3 个人大两岁。问第 3 个人，又说比第 2 个人大两岁。问第 2 个人，说比第 1 个人大两岁。最后问第 1 个人，他说是 10 岁。请问第 5 个人多大？

```
#include "stdio.h"
#include "conio.h"
int age(int n)
{
    int c;
    if(n==1) c=10;
    else c=age(n-1)+2;
    return(c);
}
```

```
main()
{
  printf("NO.5,age:%d",age(5));
  getch();
}
```

分析：

main 函数中实际上只有一个语句。整个问题的求解全靠一个 age(5)函数调用来解决。函数调用过程如图 6.12 所示。

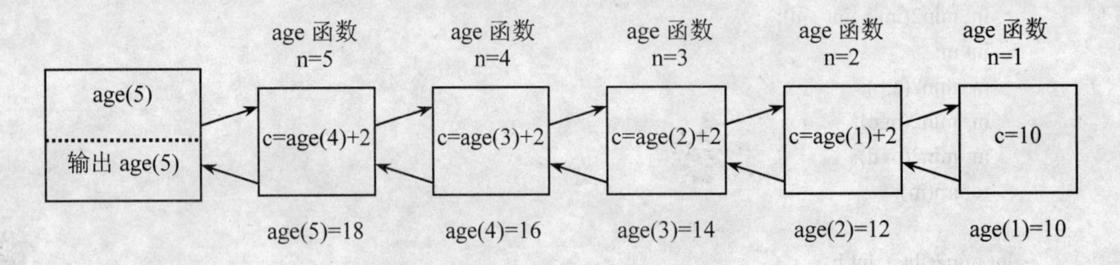

图 6.12　函数调用过程

程序的执行结果如图 6.13 所示。

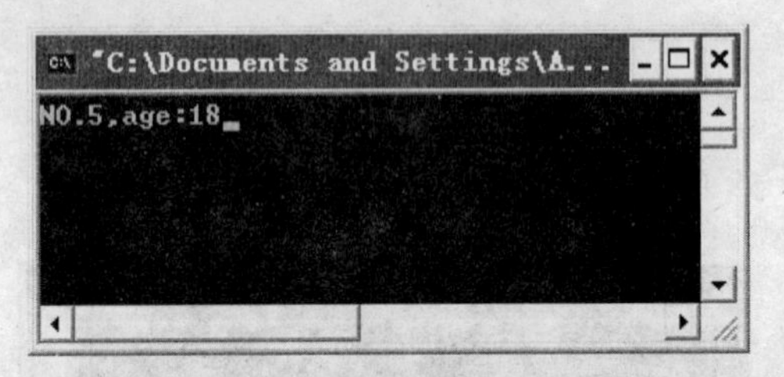

图 6.13　程序的执行结果

(7) 有一个字符串内有若干个字符，现输入一个字符，要求程序将字符串中该字符删除。用外部函数实现。

```
file1.c
#include<stdio.h>
int main()
{
  extern void enter_string(char str[]);
  extern void delete_string(char str[],char ch);
  extern void print_string(char str[]);
  char c,str[80];
  enter_string(str);
  scanf("%c",&c);
  delete_string(str,c);
  print_string(str);
  return 0;
}

file2.c
void enter_string(char str[80])
```

```
{
  gets(str);
}

file3.c
void delete_string(char str[],char ch)
{
  int i ,j   ;
  for(i=j=0;str[i]!='\0';i++)
  if(str[i]!=ch)
  str[j++]=str[i];
  str[j]='\0';
}

file4.c
void print_string(char str[])
{
  printf("%s\n",str);
}
```

分析：

整个程序由 4 个文件组成，每个文件包含一个函数。主函数是主控函数，在主函数中除了声明部分外，只由 4 个函数调用语句组成。其中 scanf()是库函数，另外 3 个是用户自己定义的函数。程序中 3 个函数都是外部函数。在 main 函数中用 extern 声明在 main 函数中用到的 enter_string，delete_string 和 print_string 是在其他文件中定义的外部函数。

程序输入字符串 abcdefghi，又输入一个字符 d 的执行结果如图 6.14 所示。

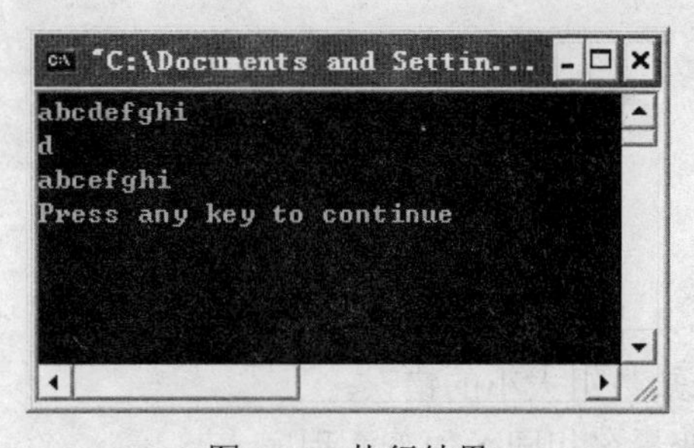

图 6.14　执行结果

第 7 章　数组

7.1　内容回顾

通过学习本章节的内容，可以了解一维数组的定义和引用、二维数组的定义和引用，指针类型的定义和指针变量的初始化，一维数组与指针的运算以及二维数组与指针的运算。本章最后还介绍了使用内存动态分配可以实现动态数组。具体内容如下：

（1）一维数组的定义及使用。

一维数组的定义形式为：

类型说明符 数组名 [常量表达式];

类型说明符是任意一种基本数据类型或构造数据类型。数组名是用户定义的标识符，该标识符遵循用户自定义标识符的命名规则。方括号中的常量表达式表示数据元素的个数，也称为数组长度。数组的定义与变量的定义一样，都是为所定义的对象分配存储空间。在程序的运行过程中，所定义的对象的存储空间一旦分配就不能更改。

关于数组的定义要注意以下几点：

1）数组名的命名规则遵循用户自定义标识符的命名规则。

2）说明数组大小的常量表达式必须为整型，并且只能用方括号括起来。

3）说明数组大小的常量表达式中可以是符号常量、常量，但不能是变量。如下面程序：

```
#include <stdio.h>
int main()
{
    int num = 6;
    int array[num];
    return 0;
}
```

在编译过程中会出现未知数组大小的错误。

4）数组名不能与其他变量名相同，如下面程序：

```
#include <stdio.h>
#define NUM 6   /* 定义一个字符常量用以表示数组元素的个数 */
int main()
{
    int sum;
    int sum[NUM];
    return 0;
}
```

在编译时会出现错误。

5）数组元素的下标是从 0 开始的。例如：

```
int array[3];
```

说明了一个长度为 3 的整型一维数组，在这个数组中的 3 个元素分别为 array[0]、array [1]、array [2]，其中并不包含元素 array [3]。

6）允许在同一个类型定义中，定义多个数组和多个变量。如：int a,b,c[10],d[20];

7）数组元素的引用形式为：

数组名[下标];

（2）一维数组与指针运算。

数组名是一个指针常量，而不是指针变量，因此数组名的值是不能修改的。这是因为数组名这一指针常量指向内存中数组的起始位置。

看下面这个例子：

```
int num[5];
int grade[5];
int *ptr;
……
ptr = &num[0];
……
ptr = &grade[5];
```

请务必牢记：数组名是一个指针常量，不能被赋值！

num[2]和*(num+2)是等价的。请牢记在 C 语言中下标引用和间接访问表达式是一样的。array[i]同*(array+i) 是等价。

（3）二维数组的定义及使用。

在 C 语言中，二维数组的定义形式为：

类型说明符 数组名 [常量表达式] [常量表达式];

例如：int a[3][4];

（4）二维数组元素的引用形式。

数组名[行下标][列下标]

例如：a[0][0]、a[0][1]

（5）数组与指针。

定义 P 是一个指向一维数组的指针：int a[4]; int (*p)[4]; p=&a;

定义一个指针数组：int *p[4] ;

指针数组中每一个元素都存放一个地址，相当于一个指针变量。

7.2 程序验证

1. 实验目的和要求

（1）掌握一维数组、二维数组的定义。

（2）掌握一维数组、二维数组的输入与输出。

（3）掌握数组的地址、数组元素的地址及一维数组和二维数组的存储结构。

（4）掌握与数组有关的算法，如排序、查找、矩阵运算等。

（5）掌握指针变量访问一维数组、二维数组。

（6）掌握指针移动与数组元素之间的关系。

（7）通过编程和调试程序，加深对函数概念和函数应用的理解，学习编程和调试的基本方法。

（8）实验前复习数组、指针的概念。

2. 实验重点和难点

（1）编写并调试程序。

（2）调试程序的注意事项、上机编写 C 语言程序的步骤及错误修改。

3. 实验内容

（1）用“选择法”对输入的 10 个整数由小到大顺序排列。

程序 N-S 图如图 7.1 所示。

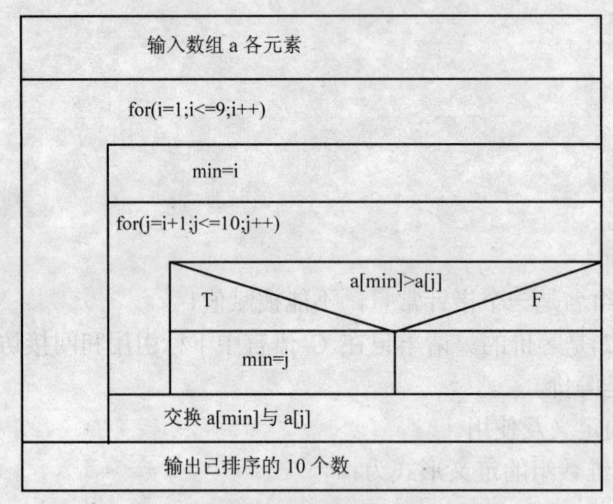

图 7.1　程序流程图

参考程序

```
#define N 10
#include "stdio.h"
void main()
{
  int i,j,min,tem,a[N];
  /*input data*/
  printf("please input ten num:\n");
  for(i=0;i<N;i++)
  {
    printf("a[%d]=",i);
    scanf("%d",&a[i]);
  }
  printf("\n");
  for(i=0;i<N;i++)
  printf("%5d",a[i]);
  printf("\n");
  /*sort ten num*/
  for(i=0;i<N-1;i++)
  {
    min=i;
    for(j=i+1;j<N;j++)
```

```
        if(a[min]>a[j]) min=j;
      if (min!=i)
      {
        tem=a[i];
        a[i]=a[min];
        a[min]=tem;
      }
  }
  /*output data*/
  printf("After sorted \n");
  for(i=0;i<N;i++)
    printf("%5d",a[i]);
  printf("\n");
  }
```

分析：

选择程序的思想是设有 10 个元素 a[1]～a[10]，将 a[1]与 a[2]～a[10]比较，若 a[1]比 a[2]～a[10]都小，则不进行交换，即无任何操作。若 a[2]～a[10]中有一个以上比 a[1]小，则将其中最大的一个（假设为 a[i]）与 a[1]交换，此时 a[1]中存放了 10 个中最小的数。第 2 轮将 a[2]与 a[3]～a[10]比较，将剩下 9 个数中最小者 a[i]与 a[2]对换，此时 a[2]中存放的是 10 个数中第二个小的数。依此类推，共进行 9 轮比较，a[1]～a[10]就已按由小到大的顺序存放了。程序执行结果如图 7.2 所示。

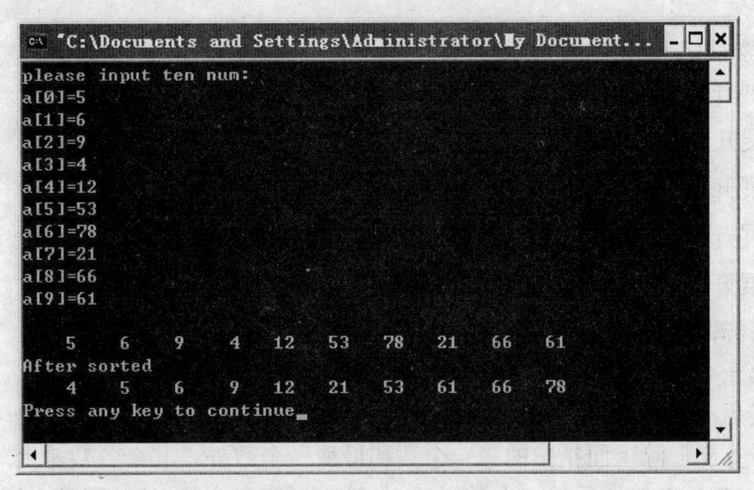

图 7.2　程序执行结果

（2）编写程序用二维数组表示 3×3 的矩阵，并输出该矩阵。

```
#include<stdio.h>
void main()
{
int   a[3][3];
int   i,j;
printf("输入一个 3*3 整型数组\n");
for(i=0;i<3;i++)
for(j=0;j<3;j++)
```

```
        scanf("%d",&a[i][j]);
        printf("\n 输出一个 3*3 整型数组\n");
        for(i=0;i<3;i++)
        {
        for(j=0;j<3;j++)
        printf("%d ",a[i][j]);
        printf("\n");
        }
        }
```

程序运行结果如图 7.3 所示。

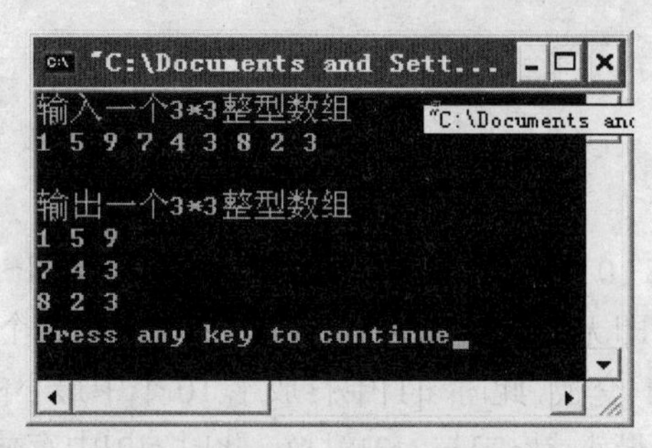

图 7.3　程序运行结果图

（3）打印出杨辉三角形。

分析：

杨辉三角形是$(a+b)^n$展开各项的系数。例如：

$(a+b)^0$ 展开后为 1，系数为 1

$(a+b)^1$ 展开后为$a+b$，系数为 1，1

$(a+b)^2$ 展开后为$a^2+2ab+b^2$，系数为 1，2，1

$(a+b)^3$ 展开后$a^3+3a^2b+3ab^2+b^3$，系数为 1，3，3，1

$(a+b)^4$ 展开后$a^4+4a^3b+6a^2b^2+4ab3+b^4$ ，系数为 1，4，6，4，1

以上就是杨辉三角形的前 5 行。杨辉三角形各行的系数有以下的规律：

1）各行第一个数都是 1。

2）各行最后一个数都是 1。

3）从第 3 行起，除上面指出的第一个数和最后一个数外，其余各数是上一行同列和前一列两个数之和。例如，第 4 行第二个数（3）是第 3 行第二个数（2）和第 3 行第一个数（1）之和。可以这样表示：

```
        a[i][j]=a[i-1][j]+a[i-1][j-1]
```

参考程序

```
        #include<stdio.h>
        #define   N 10
        int main()
        {
         int a[N][ N],i,j;
         for(i=0;i< N;i++)
         {
```

```
a[i][i]=1;
a[i][0]=1;
}
for (i=2;i< N;i++)
for (j=1;j<i;j++)
a[i][j]=a[i-1][j-1]+a[i-1][j];
for (i=0;i< N;i++)
{
for (j=0;j<i+1;j++)
printf("%6d    ",a[i][j]);
printf("\n");
}
printf("\n");
return 0;
}
```

程序执行结果如图 7.4 所示。

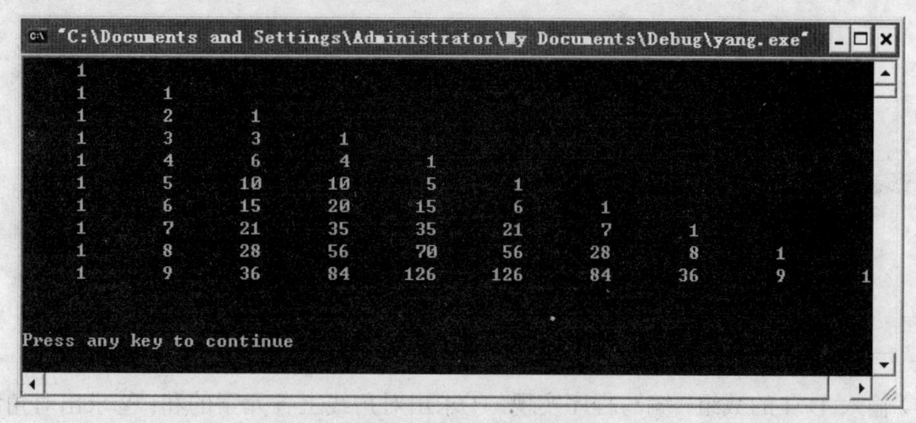

图 7.4　程序运行结果图

（4）将螺旋方阵存放到 n×n 的二维数组中并把它打印输出。

参考程序：

```
#include<stdio.h>
int a[100][100];
void main()
{
int i,j,k,x,y,n;
scanf("%d",&n);
for(x=0;x<n;x++)
for(y=0;y<n;y++) a[x][y] = 0;
x=y=i=0;
j=1;
for(k=1;k<=n*n;k++)
{
  a[x][y]=k;
  if(x+i<0 || y+j<0 || x+i>=n || y+j>=n || a[x+i][y+j]>0)
  {
```

```
            if (j!=0)   { i=j;j=0;}
            else   {
                    j=-i;i=0;
                }
            }
            x=x+i;
            y=y+j;
        }
        for(y=0;y<n;y++)
        {
            for(x=0;x<n;x++)
            printf("%5d",a[x][y]);
            printf("\n");
        }
    }
```

程序执行结果如图 7.5 所示。

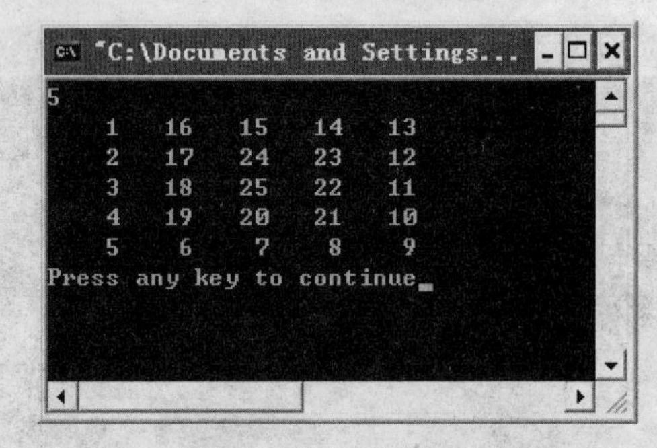

图 7.5 程序运行结果图

（5）输入 4×4 的数组，编写程序实现：①求出对角线上各元素的和；②求出对角线上行、列下标均为偶数的各元素的积；③找出对角线上其值最大的元素和它在数组中的位置。

参考程序

```
#include <stdio.h>
void main()
{
int a[4][4];
int i,j, max=0, sum=0,num=1;
printf("input:");
for(i=0;i<4;i++)
for(j=0;j<4;j++)
scanf("%d",&a[i][j]);
for(i=0;i<4;i++)
{
for(j=0;j<4;j++)
{
printf("%4d",a[i][j]);
if(i==j)
{
sum+=a[i][j];
```

```
if(i%2==0)
num*=a[i][j];
}
}
printf("\n");
}
printf("sum=%d\n",sum);
printf("num=%d\n",num);
for(i=0;i<=3;i++)
if(a[i][i]>max)    max=a[i][i];
printf("%3d%3d%3d",max,i,i);
printf("\n");
}
```

程序执行结果如图 7.6 所示。

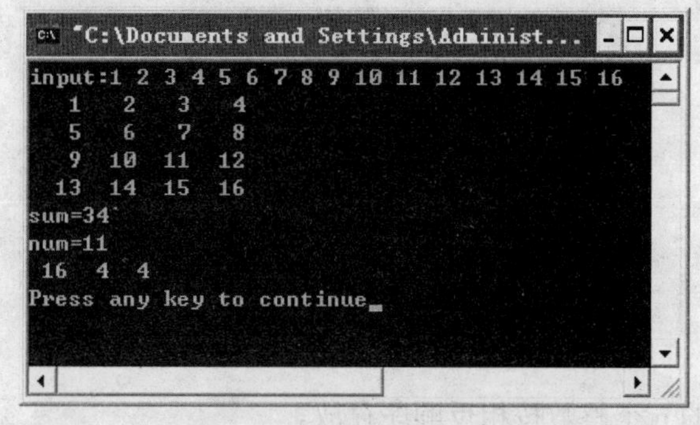

图 7.6　程序运行结果图

（6）编写程序，将两个字符串连接起来，不要用 strcat 函数。

参考程序

```
#include<stdio.h>
#include<string.h>
void main()
{
  char str1[100],str2[100];
  void enter_string(char str[]);
  void string_link(char str1[],char str2[]);
  void print_result(char str[]);
  enter_string(str1);                        /*调用字符串输入函数*/
  enter_string(str2);                        /*调用字符串输入函数*/
  string_link(str1,str2);                    /*调用字符串连接函数*/
  print_result(str1);
}
void enter_string(char str[])
{
  printf("Please enter a string:\n");
  gets(str);
}
void string_link(char str1[],char str2[])
```

```
{
int i,j,n;
n=strlen(str1);
for(i=n,j=0;str2[j]!='\0';i++,j++)
{
    str1[i]=str2[j];
}
str1[i]='\0';
}
void print_result(char str[])
{
printf("\nThe new string:\n%s\n",str);
}
```

程序运行结果如图 7.7 所示。

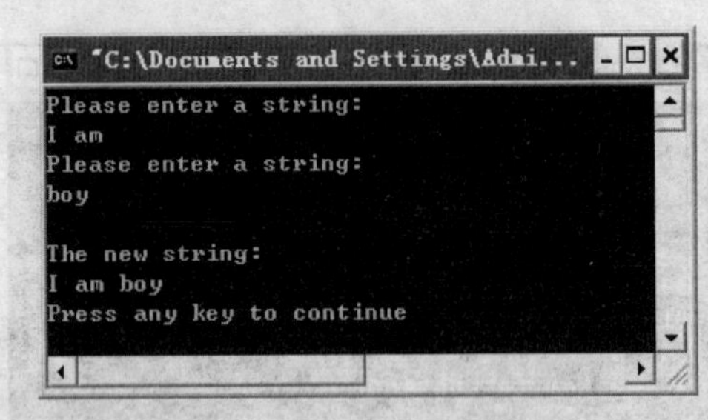

图 7.7 程序运行结果图

（7）将数组 a 中的 n 个整数按相反顺序存放。

参考程序

```
#include <stdio.h>
void inv(int x[],int n)
{
int temp,i,j,m=(n-1)/2;
for(i=0;i<=m;i++)
 {
  j=n-1-i;
  temp=x[i];
  x[i]=x[j];
  x[j]=temp;
 }
 return;
 }

 main()
 {
  int i,a[10]={3,7,9,11,0,6,7,5,4,2};
  printf("The original array:\n");
  for(i=0;i<10;i++)
  printf("%d,",a[i]);
```

```
    printf("\n");
    inv(a,10);
    printf("The array has been inverted:\n");
    for(i=0;i<10;i++)
    printf("%d,",a[i]);
    printf("\n");
  }
```

分析：

将 a[0]与 a[n-1]对换，再将 a[1]与 a[n-2]对换……直到 a[int(n-1)/2]与 a[n-int((n-1)/2)-1]。用循环处理此问题，设两个“位置指示变量”i 和 j，i 的初值为 0，j 的初值为 n-1。将 a[i]与 a[j]交换，然后使 i 的值加 1，j 的值减 1，再将 a[i]与 a[j]对换，直到 i=(n-1)/2 为止。用函数 inv 来实现交换。实参用数组名 a，形参也用数组名。程序执行流程如图 7.8 所示。程序执行结果如图 7.9 所示。

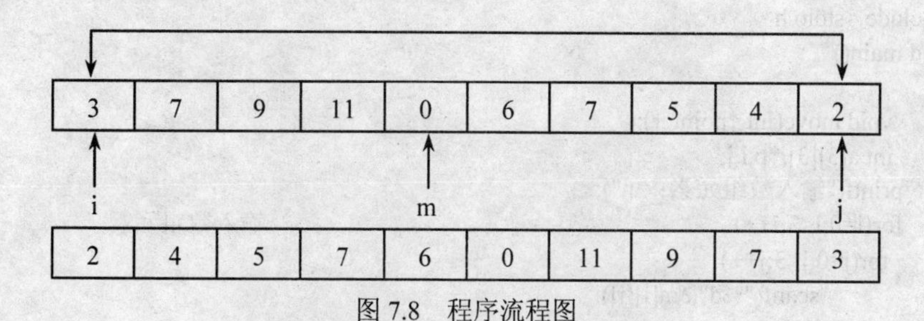

图 7.8 程序流程图

```
"C:\Documents and Settings\Admin...
The original array:
3,7,9,11,0,6,7,5,4,2,
The array has been inverted:
2,4,5,7,6,0,11,9,7,3,
Press any key to continue
```

图 7.9 程序运行结果图

举一反三

①实参为数组，形参为数组；②实参为数组，形参为指针；③实参为指针，形参为数组；④实参为指针，形参为指针。第②种方法（第③、④种方法略）程序如下：

```
#include <stdio.h>
void inv(int *x, int n)
{
 for (int i = 0; i < n / 2; ++i)
 {
  int temp = *(x + i);
  *(x + i) = *(x + n - 1 - i);
  *(x + n - 1 - i) = temp;
 }
}
void main()
{
```

```
    int i,a[10]={3, 7, 9, 11, 0, 6, 7, 5, 4, 2};
    printf( "The original array:\n");
    for(i=0;i<10;i++)
    printf("%4d",a[i]);
    printf("\n");
    inv(a, 10);
    printf("The array has benn inverted:\n");
    for(i=0;i<10;i++)
    printf("%4d",a[i]);
    printf("\n");
}
```

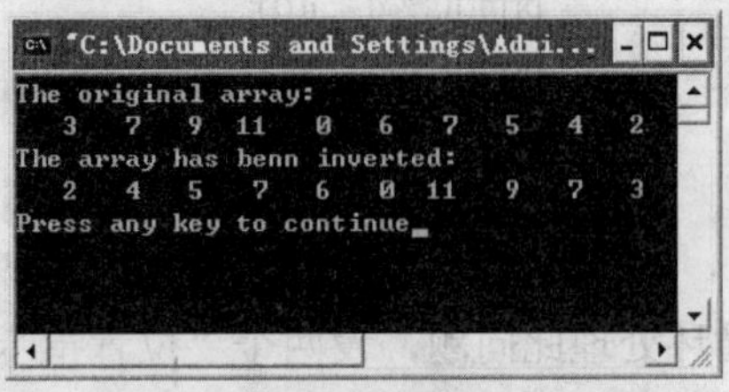

程序运行结果如图 7.10 所示。

图 7.10　程序运行结果图

（8）编写函数，将一个 3×3 的整型矩阵转置。

参考程序

```
#include <stdio.h>
void main()
{
     void move(int *pointer);
     int a[3][3],*p,i,j;
    printf("输入数组元素：\n");
    for(i=0;i<3;i++)                                        /* 输入数组元素 */
     for(j=0;j<3;j++)
          scanf("%d",&a[i][j]);
    p=&a[0][0];
    move(p);
    printf("转置后的数组为:\n");                              /* 输出数组元素 */
    for(i=0;i<3;i++)                                        /* 输入数组元素 */
     for(j=0;j<3;j++)
          printf((j==2)?"%3d\n":"%3d",a[i][j]);
}
void move(int *pointer)        /* 通过交换第 i 行第 j 列元素和第 j 行第 i 列元素实现数组转置 */
{
    int i,j,t;
    for(i=0;i<3;i++)
      for(j=i;j<3;j++)
      {
          t=*(pointer+3*i+j);
          *(pointer+3*i+j)=*(pointer+3*j+i);
          *(pointer+3*j+i)=t;
      }
}
```

程序运行结果如图 7.11 所示。

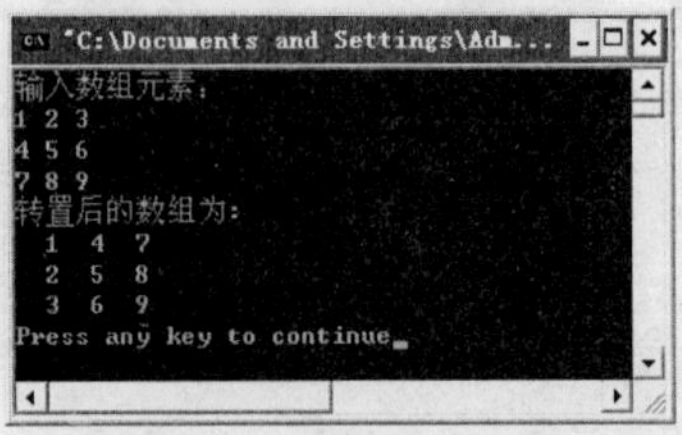

图 7.11　程序运行结果图

第 8 章　字符串与字符数组

8.1　内容回顾

8.1.1　字符数组

（1）字符数组的定义。

存储种类　char　数组名[常量表达式];　　/*一维字符数组*/

存储种类　char　数组名[常量表达式 1][常量表达式 2];　　/*二维字符数组*/

（2）字符数组的赋值。

1）在数组定义后对数组赋值，只能通过对其中的每个元素逐个赋值的方式进行。

2）如果数组内的元素具有某种规律性，还可以使用循环语句来为字符数组赋值。

（3）字符数组的初始化。

主要有两种形式。

1）字符初始化，可分为 3 种情况。

①初始化所有元素：在花括号中依次列出各个字符，字符之间用逗号隔开。

②初始化部分元素：初始化时仅列出数组的前一部分元素的初始值，则其余元素的初值由系统自动置 0。

③ 不指定数组大小：在定义一维数组时，若列出了所有数组元素的初值，则也可不指定数组的大小。

2）字符串初始化。即用双引号括起来的一个字符串（字符串常量）作为字符数组的值。

（4）字符数组的引用。

1）逐个引用字符数组中的单个字符。同普通数组元素的引用形式一样，可以引用字符数组中的任意一个元素，得到一个字符。具体形式为：**数组名[下标]**

2）将字符数组作为字符串来处理。在一次引用整个字符数组时，只需使用数组名即可。

8.1.2　字符串

（1）定义：字符串是用双引号括起来的一个字符序列，由零个或若干字符的构成。

（2）字符串的输入与输出。

字符串的输入、输出可以采用逐个字符的输入、输出方式来实现，也可采用整体输入、输出方式。具体如表 8.1 所示。

表 8.1　输入输出函数

Input	Output
gets()	puts()
scanf()	printf()
getchar()	putchar()

1）gets()函数。调用格式为：

gets(字符数组名);

功能：接受键盘的输入，将输入的字符串存放在字符数组中，直到遇到回车符时返回。但是回车换行符'\n'不会作为有效字符存储到字符数组中，而是转换为字符串结束标志'\0'来存储。gets()函数能接受包含空格字符的字符串。

2）scanf()函数在输入字符串时使用“%s”格式控制符，并且与“%s”对应的地址参数应该是一个字符数组，任何时候都会忽略前导空格，读取输入字符并保存到字符数组中，直到遇到空格符或回车符输入操作便终止了。scanf()函数会自动在字符串后面加'\0'。

3）puts()函数。调用格式为：

puts(字符数组名);

功能：将字符串中的所有字符输出到终端上，输出时将字符串结束标志'\0'转换成换行符'\n'。使用 puts()函数输出字符串时无法进行格式控制。

4）printf()函数。

printf()函数在输出字符串时使用“%s”格式控制符，并且与“%s”对应的地址参数必须是字符串第一个字符的地址，printf()函数将依次输出字符串中的每个字符直到遇到字符'\0'（'\0'不会被输出）。

（3）字符串处理函数。

1）strlen(字符串的地址)：对字符串求长。

2）strcat(字符数组 1,字符串 2)：字符串的连接。

3）strcpy(字符数组 1,字符串 2)：字符串的复制。

4）strcmp(字符串 1,字符串 2)：字符串的比较。

5）其他常用的字符或字符串处理函数如表 8.2 所示。

表 8.2　字符串处理函数功能表

函数的用法	函数的功能	应包含的头文件
strchr(字符串,字符)	在字符串中查找第一次出现指定字符的位置	string.h
strstr(字符串 1,字符串 2)	查找字符串 2 在字符串 1 中第一次出现的位置	string.h
strlwr(字符串)	将字符串中的所有字符转换成小写字符	string.h
strupr(字符串)	将字符串中的所有字符转换成大写字符	string.h
atoi(字符串)	将字符串转换成整型	stdlib.h
atol(字符串)	将字符串转换成长整型	stdlib.h
atof(字符串)	将字符串转换成浮点数	stdlib.h

（4）字符串与指针运算。

1）字符串的表示：既可以用字符数组来表示字符串，也可用字符指针来表示字符串。

2）字符串的引用：当利用字符指针变量表示字符串时，可逐个引用字符串中的字符，也可整体引用字符串。

3）字符指针作函数参数：将一个字符串从一个函数传递给另一个函数，可用地址传递的方法，即用字符数组名作为参数，也可用指向字符的指针变量做参数。在被调用的函数中可以改变字符串的内容，在主调函数中可以得到改变了的字符串。

4）字符指针变量和字符数组都能实现字符串的存储和处理，但二者是有区别。主要有以下几点：

①存储内容不同。字符指针变量中存储的是字符串的首地址，而字符数组中存储的是字符串本身（数组的每个元素为一个字符）。

②赋值方式不同。对于字符指针变量，可采用下面的赋值语句：

```
char *p;
p="this is a string";
```

而字符数组，虽在定义时可初始化，但不能使用赋值语句整体赋值。例如：

```
char array[20];
array="this is a string";
```

是不行的。

③地址常量与地址变量的不同。指针变量的值可以改变，字符指针变量也不例外；而数组名则代表了数组的起始地址，是一个地址常量，而常量是不能改变的。

8.2 程序验证

1. 实验目的和要求

（1）掌握流程图和程序代码的相互转换。

（2）掌握条件判断语句的使用。

（3）掌握对数组的各种操作。

（4）掌握对字符串的各种操作。

2. 实验重点和难点

（1）编写并调试程序。

（2）调试程序的注意事项、上机编写 C 语言程序的步骤及错误修改。

（3）数组索引的使用。

（4）循环结构和选择结构之间的嵌套使用。

3. 实验内容

（1）字符数组：输入一个长度小于 80 的字符串，统计其中字母的个数。

程序流程图如图 8.1 所示。

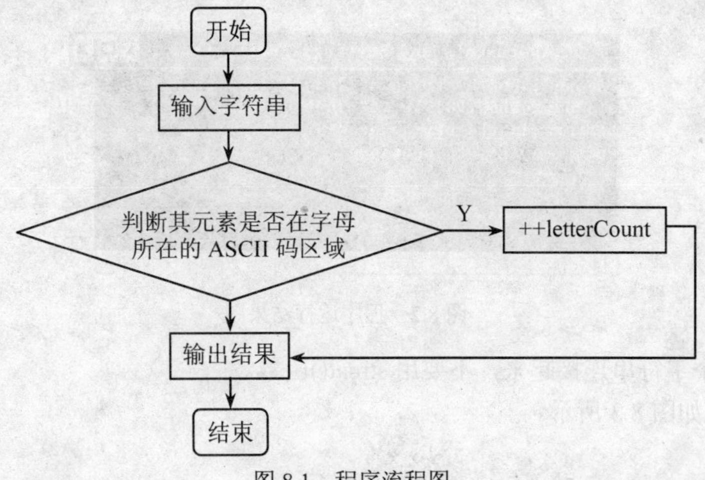

图 8.1 程序流程图

参考程序

```
#include<stdio.h>
main()
{
    char a[80];
    int b=0;            /*记录字母数量*/
    int i=0;
    printf("Please input a string of length less than 80:");
    gets(a);
    for(;i<80;i++)
    {
        if(a[i]!='\0')
        {
            /*判断 a[i]是否在字母所在的区域*/
            if((a[i]>=65 && a[i]<=90)||(a[i]>=97 && a[i]<=122))
            {
                ++b;
            }
        }
    }
    printf("\nLetters in the string are:%d\n",b);
}
```

分析：

对于每个字符都有与其相对应的一个整数，所以只要判断数组中的每个元素所对应的整数是否在英文字母所对应整数区间之中，就能说明该元素是否为英文字母。首先定义一个字符数组，然后定义一个整型变量 letterCount 记录数组中字母的数量，循环遍历数组中的每个元素并将该元素转换为整型后与字母所对应的整型数据区域进行比较，若其值在该区间，则该元素为字母，letterCount 值加 1，这样程序运行结束，letterCount 的值就是数组中字母的数量。

运行结果如图 8.2 所示。

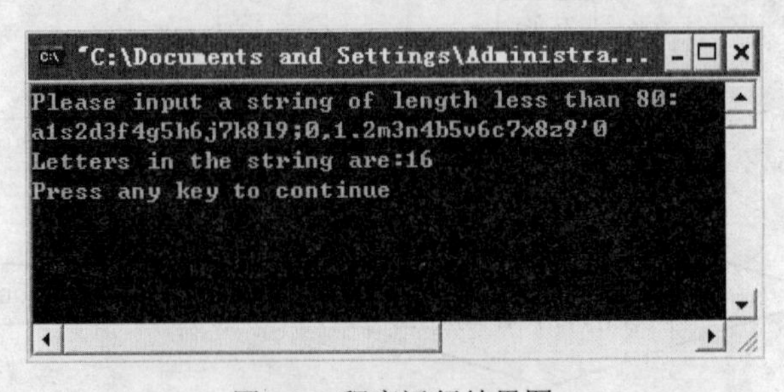

图 8.2 程序运行结果图

（2）将两个字符串连接起来，不要用 strcat()函数。

程序流程图如图 8.3 所示。

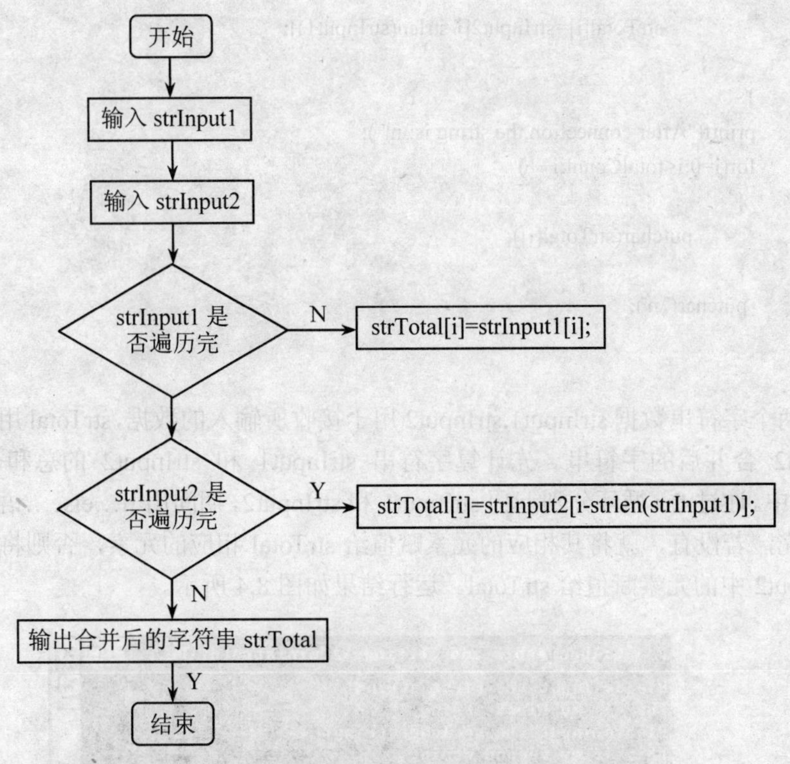

图 8.3 程序流程图

参考程序

```
#include<stdio.h>
#include<string.h>
main()
{
    char strInput1[200];     /*第一个输入字符串*/
    char strInput2[200];     /*第二个输入字符串*/
    char strTotal[400];      /*保存两个字符串的连接*/
    int totalCount=0;        /*两个输入字符串的总长度*/
    int i=0;
    printf("Please input the first string:\n");
    gets(strInput1);
    printf("Please input the second string:\n");
    gets(strInput2);
    totalCount=strlen(strInput1)+strlen(strInput2);
    for(;i<totalCount;i++)
{
    /*若 i<strInput1 的长度，strInput1[i]赋值于 strTotal[i]*/
        if(i<strlen(strInput1))
        {
            strTotal[i]=strInput1[i];
        }
        else/*若 i>strInput1 的长度，strInput2[i-strlen(strInput1)]赋值于 strTotal[i]*/
        {
```

```
                    strTotal[i]=strInput2[i-strlen(strInput1)];
                }
            }
            printf("After connection,the string is:\n" );
            for(i=0;i<totalCount;i++)
             {
                    putchar(strTotal[i]);
             }
             putchar('\n');
        }
```

分析：

定义两个字符串数据 strInput1,strInput2 用于接收所输入的数据，strTotal 用于存放 strInput1 和 strInput2 合并后的字符串。先计算字符串 strInput1 和 strInput2 的总和，并保存在变量 totalCount 中。通过 for 循环分别遍历 strInput1 和 strInput2，期间用 if…else…语句判断 strInput1 是否遍历完，若没有，就将其相应的元素赋值给 strTotal 相应的元素，否则将遍历 strInput2，并将 strInput2 中的元素赋值给 strTotal。运行结果如图 8.4 所示。

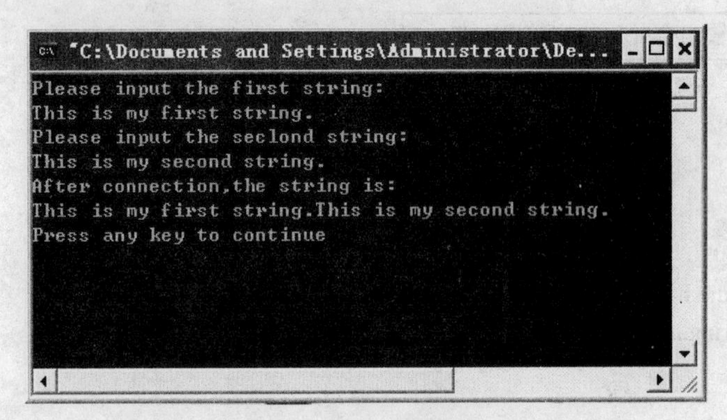

图 8.4　程序运行结果图

课后思考

（1）请考虑实验内容（2），用其他什么方法也能实现字符串的连接？

（2）请思考实验内容（3），用其他什么方法也能实现素数的输出？

举一反三

对于本章实验，可以进行如下改变，以巩固所学知识。首先给出一段简单代码：

```
#include<stdio.h>
#include<string.h>
main()
{
        int i;
        char array[5]={'a','s',' ','3','@'};
        for(i=0;i<5;i++)
        {
              printf("%c",array[i]);
        }
        putchar('\n');
}
```

分析：

（1）直接运行，结果如图 8.5 所示。

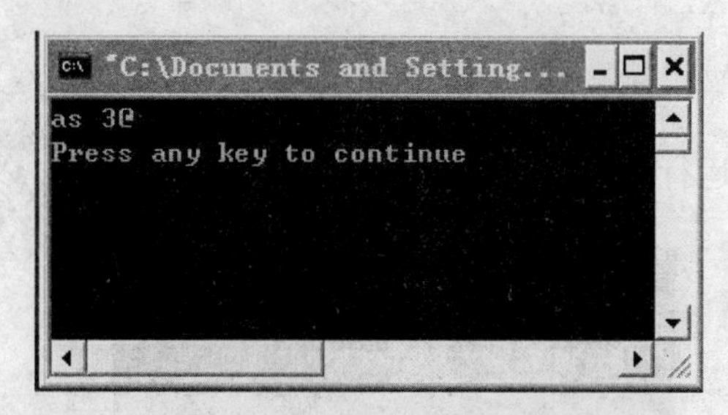

图 8.5　程序运行结果图

（2）改变函数体内容为：

```
int i;
        char array[5]={'a','s',' ','3','@'};
        for(i=0;i<5;i++)
        {
                putchar(array[i]);
        }
        putchar('\n');
```

即用 putchar(array[i])输出，运行结果如图 8.6 所示。

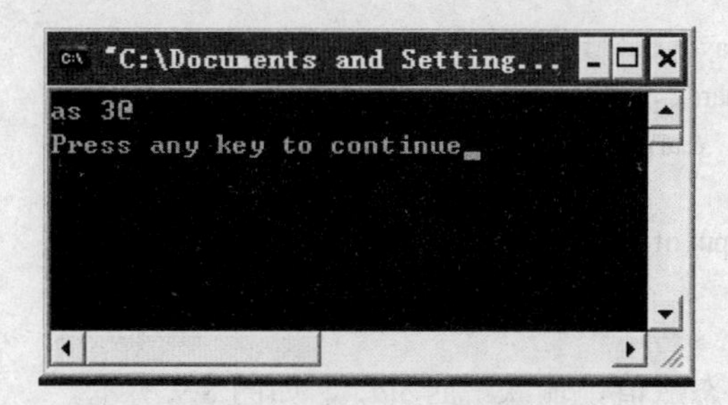

图 8.6　程序运行结果图

（3）当函数体改变为：

```
int i;
        char array[5]={'a','s',' ','3','@'};
        puts(array);
        putchar('\n');
```

即用 puts()输出时，运行结果如图 8.7 所示。

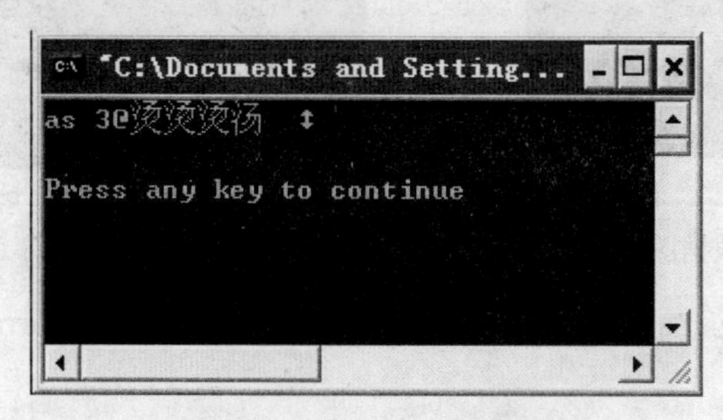

图 8.7　程序运行结果图

（4）当函数体改变为：

```
int i;
        char array[5]={'a','s',' ','3','@'};
        prinf("%s",array);
        putchar('\n');
```

即用“%s”输出时，运行结果如图 8.8 所示。

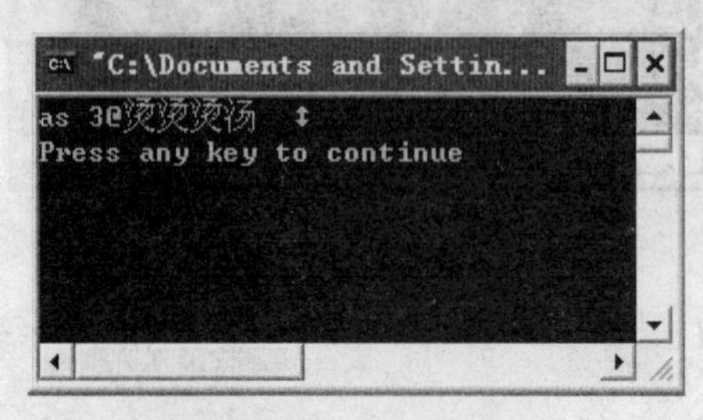

图 8.8 程序运行结果图

（5）改变函数体为：

```
int i;
        char array[5];
        printf("Please enter the string:\n");
        for(i=0;i<5;i++)
        {
            printf("array[%d]=",i);
                getchar();
            scanf("%c",&array[i]);
        }
        printf("The output of array is:\n");
        puts(array);
        putchar('\n');
```

即用 scanf()给数组动态赋值，输入“as 3@”，如图 8.9 所示。

运行结果如图 8.10 所示。

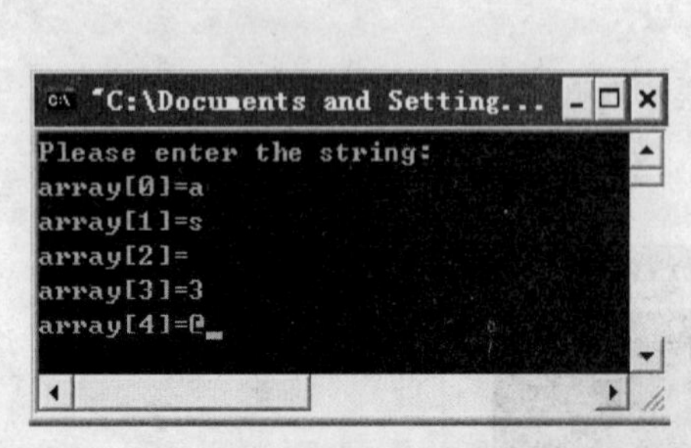

图 8.9 输入数据图

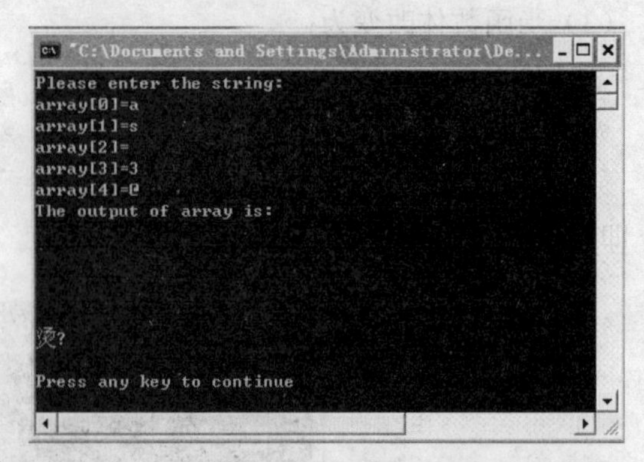

图 8.10 程序运行结果图

（6）当将上变体中的“scanf("%c",&array[i]);”改为“getchar(array[i]);”输入“as 3@”，如图 8.11 所示。

运行结果如图 8.12 所示。

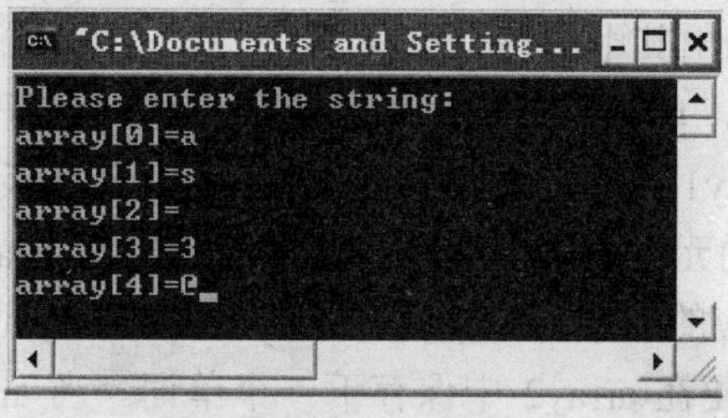

"C:\Documents and Setting...
Please enter the string:
array[0]=a
array[1]=s
array[2]=
array[3]=3
array[4]=@

图 8.11　输入数据图

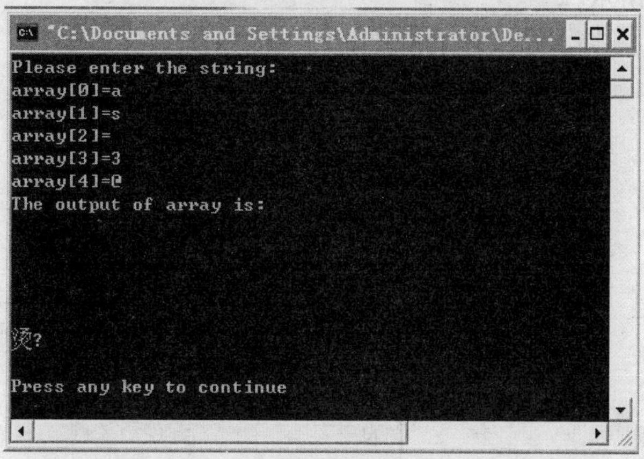

"C:\Documents and Settings\Administrator\De...
Please enter the string:
array[0]=a
array[1]=s
array[2]=
array[3]=3
array[4]=@
The output of array is:
烫?
Press any key to continue

图 8.12　输入数据图

（7）将上变体中的输出方法“puts(array);”改为“printf("%s",array);”，并调试，运行结果与上面一样，没有任何改变。

8.3　程序实例

（1）编程实现反向输出一个字符串。

提示：首先获取字符串的长度 length 赋值于索引变量 i，然后以 i 自减的方式用 for 循环遍历字符串，并输出其相应的元素 a[i]就可以了，程序流程图如图 8.13 所示。

开始
输入数据
for(i=length;i>-1;i--)
j=0,输出 array2
结束

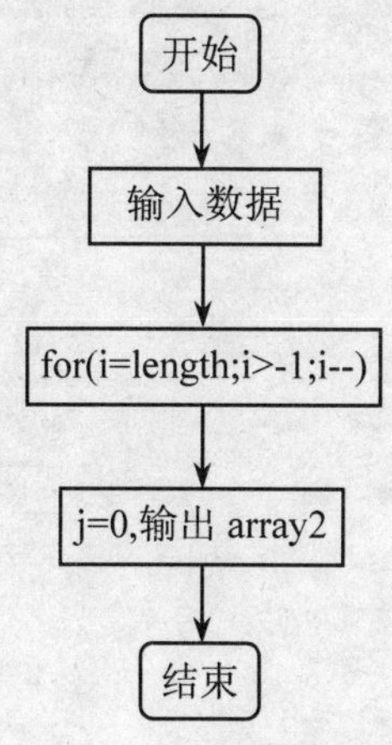

图 8.13　程序流程图

（2）输入一句英文，输出其中的每个单词。

提示：英文中的每句话，单词与单词之间都是用空格间隔开的。如此，可以定义两个字符数组 array1 和 array2，array1 用于存放一句英文，array2 用于反复保存单词，即：循环遍历 array1，如果 array1 所对应的元素不是空格，将该元素赋值到 array2 中，同时，array2 的元素索引自增 1，当 array1 所对应的元素是空格时，array2 中的所有元素就构成一个单词，将其输出后，重置其元素为空，以便在 array2 中保存下一个单词。当 array1 中的元素遍历完后，也就把其中的单词都输出了。

流程图如图 8.14 所示。

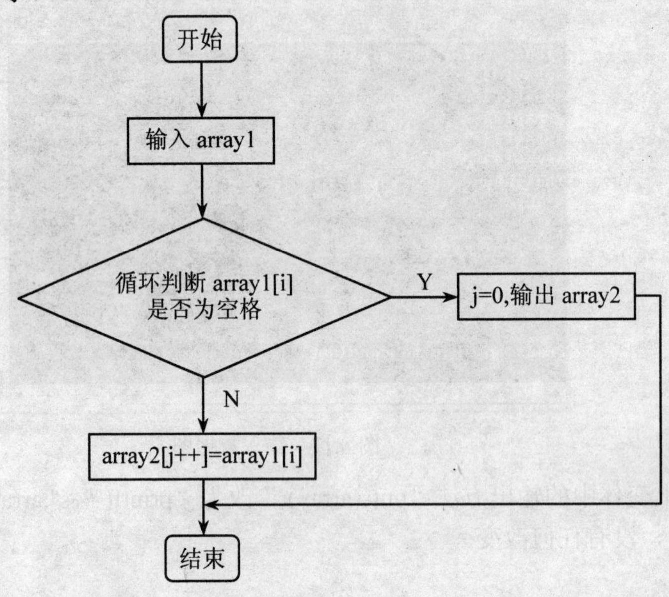

图 8.14 程序流程图

第 9 章　指针进阶

9.1　内容回顾

本章实验首先要求读者针对“函数指针”、“指针函数”和“单链表”学习内容进行编程验证，其次在举一反三环节练习“指针、数组与函数”的综合使用，最后利用实例编程，加强读者对指针的实际应用能力。

通过对课本相应章节内容的学习，了解到指针在 C 语言中的重要位置，由于“指针与数组”和“指针作为参数调用函数”等内容已在其他章节进行了程序验证，本章在此环节不再赘述，主要围绕“函数指针”、“指针函数”和“单链表”进行验证实验。

函数体内第一个可执行语句的代码在内存的地址就是函数执行时的入口地址，一个函数的入口地址由函数名表示。

9.2　程序验证

1. 实验目的和要求

（1）掌握函数指针的概念和使用方法。

（2）掌握指针作为函数返回值的编程方法。

（3）掌握单链表的建立和使用方法。

2. 实验重点和难点

（1）编写并调试程序。

（2）调试程序的注意事项、上机编写 C 语言程序的步骤及错误修改。

3. 实验内容

（1）编写一个函数，输入 n 为 1 时，调用函数求数组的最小值，当输入 n 为 2 时，调用函数求数组的最大值，程序流程图如图 9.1 所示。

```
#include<stdio.h>
#define C 10 /*定义数组长度*/
main()
{
    /*函数声明，注意函数指针形式的函数声明方式*/
void min(int *,int);
void max(int *,int);
int(*p)(int *,int);
int a[C];
int n,i;
/*输入数组*/
for(i=0;i<C;i++)
  scanf("%d",a+i);
```

```
/*输入功能选择数字*/
scanf("%d",&n);
if(n==1) p=min;
else if(n==2) p=max;
/*注意函数指针形式的函数调用方式*/
(*p)(a,C);
    }
    void min(int *a,int c)
    {
    int min,i;
    min=*a;
    for(i=1;i<c;i++)
      if(min>*++a)min=*a;
    printf("The min number is %d",min);
}
void max(int *a,int c)
    {
    int max,i;
    max=*a;
    for(i=1;i<c;i++)
      if(max<*++a)max=*a;
    printf("The max number is %d",max);
}
```


图 9.1　程序流程图

运行结果：

当输入值为 1，得到运行结果如图 9.2 所示。

当输入值为 2，得到运行结果如图 9.3 所示。

（2）使用指针变量设计函数将两个数中较大数的地址返回。程序结构简单，不再给出流程图。

```
"C:\Documents and Settings\lele\桌面\Debug\fun_ptr_test.exe"
3 2 1 8 9 7 0 4 6 5
1
The min number is 0
Press any key to continue
```

图 9.2　n 输入值为 1 的运行结果图

```
"C:\Documents and Settings\lele\桌面\Debug\fun_
3 2 1 8 9 7 0 4 6 5
2
The max number is 9
Press any key to continue
```

图 9.3　n 输入值为 2 的运行结果图

参考程序

```
#include<stdio.h>
int * max(int*,int*);/*注意指针函数的声明方式*/
main()
{
  int *p,i,j;
  printf("Please input two number:\n");
  scanf("%d%d",&i,&j);
  p=max(&i,&j);
  printf("i=%d,j=%d,*p=%d\n",i,j,*p);
  printf("The max number is:%d\n",*p);
}
int * max(int* i,int* j)
{
 int *p;
 p= (*i>*j)? i:j;/*注意*i 和 i 的区别*/
return p;
}
```

运行结果如图 9.4 所示。

```
"F:\My Documents\工作\教学\C程序设计课件\C程序设计材料\Debug\ptr_fu...
Please input two number:
3 6
i=3, j=6, *p=6
The max number is:6
Press any key to continue
```

图 9.4　运行结果图

（3）输入 5 个数，存入一个单链表，遍历此链表打印这 5 个数。程序结构简单，不再给出流程图。

参考程序

```
struct slist          /*节点类型定义*/
{
 int data;
 struct slist *next;
};
typedef struct slist SL;
#include<stdio.h>
#include <stdlib.h>
#define N 5 /*链表的数据长度*/
SL *creat_sl()
{
  int c,i;
  SL *h,*s,*r;
  h=(SL)malloc(sizeof(SL));/*生成头节点，h 为头指针*/
  r=h;
  r->data=N;
  for(i=1;i<=N;i++)
  {
        printf("Please input the %d number: ",i);
        scanf("%d",&c);
       s=(SL *)malloc(sizeof(SL));/*生成一个新的节点*/
        s->data=c;
        r->next=s;
        r=s;                          /*r 为尾指针*/
  }
  r->next=NULL;
  return h;
}
void print_sl(SL *p)
{
  int i=1;
  p=p->next;/*跳过头节点*/
  while(p!=NULL
        )/*注意循环结束的条件*/
  {
     printf("The %d number is: ",i++);
     printf("%d\n",p->data);
     p=p->next;
  }
}
main()
{
     SL *head;
  head=creat_sl();
```

```
    print_sl(head);
}
```

运行结果如图 9.5 所示。

```
Please input the 1 number: 1
Please input the 2 number: 2
Please input the 3 number: 3
Please input the 4 number: 4
Please input the 5 number: 5
The 1 number is: 1
The 2 number is: 2
The 3 number is: 3
The 4 number is: 4
The 5 number is: 5
Press any key to continue
```

图 9.5　运行结果图

课后思考

（1）实验内容（1）中不使用函数指针的方法也能达到题目要求，请比较两者的不同？

（2）请找一下书本中一些要求返回值为指针类型的函数，这些函数功能上的相同点是什么？（一般用于动态存储单元的建立或访问）

（3）如果仍使用单链表，把输入的数逆序打印出来，实验内容（3）应如何修改？（前插法和后插法）

举一反三

本章的举一反三环节将通过字符串排序的例子来加深对二维数组、数组指针及指针数组的理解，要求如下：

输入 5 个等长的字符串，对其进行字典排序。

（1）利用字符型二维数组。

```
#include <stdio.h>
#include <string.h>
#define M 5
#define N 5
int main()
{
    void sort_str(char s[][N]);
    int i;
    char str[M][N];
    printf("input strings:\n");
    for (i=0;i<M;i++)
        scanf("%s",str[i]);
    sort_str(str);
    printf("Now,the sequence is:\n");
    for (i=0;i<M;i++)
        printf("%s\n",str[i]);
    return 0;
}
```

```
void sort_str(char s[M][N]) /*使用的是起泡排序法*/
{
  int i,j;
  char *p,temp[N];
  p=temp;
  for (i=0;i<M-1;i++)
    for (j=0;j<M-i-1;j++)
      if (strcmp(s[j],s[j+1])>0)
       {
        strcpy(p,s[j]);
        strcpy(s[j],s[j+1]);
        strcpy(s[j+1],p);
       }
}
```

上述程序把一维数组当做一个对象来看待。注意函数 strcpy()和 strcmp()的使用。另外请考虑为什么每个字符串只能输入 N-1 个字符？

（2）利用一维数组指针。

```
#include <stdio.h>
#include <string.h>
#define M 5
#define N 5
int main()
{
  void sort_str(char (*p)[N]);
  int i;
  char str[M][N];
  char (*p)[N];
  printf("input strings:\n");
  for (i=0;i<M;i++)
    scanf("%s",str[i]);
  p=str;
  sort_str(p);
  printf("Now,the sequence is:\n");
  for (i=0;i<M;i++)
    printf("%s\n",str[i]);
  return 0;
 }

void sort_str(char (*s)[N])/*注意函数的形参与上一题目的不同*/
{
  int i,j;
  char temp[N],*p;
  p=temp;
  for (i=0;i<M-1;i++)
    for (j=0;j<M-i-1;j++)
      if (strcmp(s[j],s[j+1])>0)
       {
```

```
            strcpy(p,s[j]);
            strcpy(s[j],s[j+1]);
            strcpy(s[j+1],p);
        }
}
```

上述程序的 sort_str 函数形参可否改为 char s[M][N]；针对不同行数的二维字符数组又该如何改写此程序呢？

（3）利用指针数组。

上一例题可以解决行数不同的二维字符数组进行排序，而针对字符串长度无法确定的排序又该如何解决呢？这时就要利用指针数组了。

```
#include <stdio.h>
#include <string.h>
#define M 5
#define MAX 20                              /*要足够大*/
int main()
{
   void sort_str(char *[]);                 /*注意指针数组作为形参的形式*/
   int i;
   char *p[M],str[M][MAX];
   for (i=0;i<M;i++)
      p[i]=str[i];                          /*▲*/
   printf("input strings:\n");
   for (i=0;i<M;i++)
      scanf("%s",p[i]);                     /*★*/
   sort_str(p);
   printf("Now,the sequence is:\n");
   for (i=0;i<M;i++)
      printf("%s\n",p[i]);
   return 0;
}

void sort_str(char *s[])
{
   int i,j;
   char *temp;
   for (i=0;i<M-1;i++)
      for (j=0;j<M-i-1;j++)
         if (strcmp(*(s+j),*(s+j+1))>0)
         {
            temp=*(s+j);
            *(s+j)=*(s+j+1);
            *(s+j+1)=temp;
         }
}
```

注意指针数组的使用，为何在标注“★”的语句前，必须首先使用标注“▲”？

9.3 程序实例

要求利用单链表存储多个字符串，按照字典顺序找出单链表中最“大”和最“小”并存放置一个指针数组中。

```
#define SIZE 30
struct str_list
{
  char s[SIZE];
  struct str_list *next;

};
typedef struct str_list SL;

#include<stdio.h>
#include<stdlib.h>
#include<string.h>

main()
{
   SL *creat();
   char *themax(SL *);
   char *themin(SL *);
   void *fun_p[2]={themax,themin}; /*函数指针的数组*/
   char *(*fun)(SL *);
   char *p[2],**p1=p;
   int i;
   SL *sl_p;
   char str[2][15]={"The max is: ","The min is: "};
   sl_p=creat();
   for(i=0;i<2;i++,p1++)
   {
     fun=fun_p[i];
      *p1=(*fun)(sl_p);
   }
     for(i=0,p1=p;i<2;i++,p1++)printf("%s%s\n",str[i],*p1);/*最大字符串指针和最小字符串指针保
存在指针数组中*/
}

SL *creat()
{
  int c;
  SL *h,*s_l,*r;
  h=(SL *)malloc(sizeof(SL));/*生成头节点，h 为头指针*/
  r=h;
  strcpy( r->s,"This is a string-list");
  printf("How many strings do you want input?\n");
```

```
    scanf("%d",&c);
    while(c--)
    {
        s_l=(SL *)malloc(sizeof(SL));          /*生成一个新的节点*/
        printf("Please input a string: \n");
        scanf("%s",s_l->s);
        r->next=s_l;
        r=s_l;                                 /*r 为尾指针*/
    }
    r->next=NULL;
    return h;
}
char* themax(SL *sl)
{
    SL *p=sl->next;
    while(sl->next!=NULL)
    {
        sl=sl->next;
        if(strcmp(p->s,sl->s)<0)p=sl;


    }
    return p->s;
}
char* themin(SL *sl)
{
    SL *p=sl->next;
    while(sl->next!=NULL)
    {
        sl=sl->next;
        if(strcmp(p->s,sl->s)>0)p=sl;


    }
    return p->s;
}
```

在此示例程序中，综合地使用了函数指针、指针函数、二维数组和指针数组及单链表，请同学们体会它们的用法。

第 10 章　结构和联合

在实际问题中，一组数据往往具有不同的数据类型。例如，在学生登记表中，姓名应为字符型；学号可为整型或字符型；年龄应为整型；性别应为字符型；成绩可为整型或实型。显然不能用一个数组来存放这一组数据。因为数组中各元素的类型和长度都必须一致，以便于编译系统处理。为了解决这个问题，C 语言中给出了另一种构造数据类型——“结构”。它相当于其他高级语言中的记录，是由基本数据类型构成的、并用一个标识符来命名的各种变量的组合。

“联合”与“结构”有一些相似之处。但两者有本质上的不同。在结构中各成员有各自的内存空间，一个结构变量的总长度是各成员长度之和。而在“联合”中，各成员共享一段内存空间，一个联合变量的长度等于各成员中最长的长度。应该说明的是，这里所谓的共享不是指把多个成员同时装入一个联合变量内，而是指该联合变量可被赋予任意成员值，但每次只能赋一种值，赋入新值则替换掉旧值。由此可见，联合也是一种新的数据类型，是一种特殊形式的变量。

10.1　程序验证

该部分将从结构说明和结构变量定义、结构变量的使用、联合说明和联合变量定义、结构和联合的区别等几个方面进行阐述，并结合实例展示结构和联合在实际程序设计过程中的优势。

10.1.1　结构的说明与引用

在 C 语言中，结构也是一种数据类型，可以使用结构变量，因此在使用结构变量时，要像使用其他类型的变量一样，先对其进行定义。

（1）结构说明和结构变量定义。

定义结构变量的一般格式为：

```
struct 结构名
{
  类型  变量名;
  类型  变量名;
  ...
} 结构变量;
```

结构名是结构的标识符而不是变量名，在定义结构中的变量主要指 5 种数据类型（整型、浮点型、字符型、指针型和无值型）。

构成结构的每一个类型变量称为结构成员，它像数组的元素一样，但数组中元素是以下标来访问的，而结构是按变量名来访问成员的。

下面举一个例子来说明怎样定义结构变量。

```
struct string
{
```

```
    char name[8];
    int age;
    char sex[2];
    char depart[20];
    float wage1, wage2, wage3, wage4, wage5;
} person;
```

这个例子定义了一个结构名为 string 的结构变量 person，如果省略变量名 person，则变成对结构的说明。用已说明的结构名也可定义结构变量。这样定义时上例变成：

```
struct string
{
    char name[8];
    int age;
    char sex[2];
    char depart[20];
    float wage1, wage2, wage3, wage4, wage5;
};
struct string person;
```

如果需要定义多个具有相同形式的结构变量时用这种方法比较方便，它先作结构说明，再用结构名来定义变量。

例如：

```
struct string Tianyr, Liuqi, ...;
```

如果省略结构名，则称之为无名结构，这种情况常常出现在函数内部，用这种结构时前面的例子变成：

```
struct
{
    char name[8];
    int age;
    char sex[2];
    char depart[20];
    float wage1, wage2, wage3, wage4, wage5;
} Tianyr, Liuqi;
```

（2）结构变量的使用。

结构是一个新的数据类型，因此结构变量也可以像其他类型的变量一样赋值、运算，不同的是结构变量以成员作为基本变量。

结构成员的表示方式为：

结构变量.成员名

如果将“结构变量.成员名”看成一个整体，则这个整体的数据类型与结构中该成员的数据类型相同，这样就可像普通的变量那样使用。

（3）结构指针变量。

一个指针变量当用来指向一个结构变量时，称之为结构指针变量。结构指针变量中的值是所指向的结构变量的首地址，通过结构指针即可访问该结构变量，这与数组指针和函数指针的情况是相同的。结构指针变量说明的一般形式为：

struct 结构名*结构指针变量名

例如上节例子中定义的 person 结构，如要说明一个指向 person 的指针变量 pson，可写为：

struct person *pson;

结构名和结构变量是两个不同的概念，不能混淆。结构名只能表示一个结构形式，编译系统并不对它分配内存空间。只有当某变量被说明为这种类型的结构时，才对该变量分配存储空间。有了结构指针变量，就能更方便地访问结构变量的各个成员。

其访问的一般形式为：**(*结构指针变量).成员名** 或为：**结构指针变量->成员名**

例如：(*pson).age 或者 pson->age

应该注意（*pson）两侧的括号不可少，因为成员符“.”的优先级高于“*”，如去掉括号写作* pson. age 则等效于*(pson. age)，这样意义就完全不对了。

1. 实验目的和要求

（1）掌握结构说明和结构变量定义的方法。

（2）熟练掌握结构变量的访问。

（3）掌握使用结构类型编程的适用条件。

2. 实验重点和难点

（1）普通结构变量和指针结构变量各自的访问方法。

（2）结构指针变量的使用方法。

3. 实验内容

用结构体类型实现“日期问题”，日期问题：已知一个日期（包括年、月、日），编写程序，计算这一天是这一年的第几天。

程序流程图如图 10.1 所示。

参考程序

```
#include "stdio.h"
struct date                                    /* 定义结构体数据类型 */
{
    int year;
    int month;
    int day;
};
void main()
{
    struct date d;
    int sum=0;
    printf("请输入日期（年、月、日之间用空格分隔）:\n");
    scanf("%d%d%d",&d.year,&d.month,&d.day);
    if (d.year>0 && 0<d.month &&d.month<13 && 0<d.day && d.day<32)
    {
        switch(d.month)
        {
            case 1:sum=0;break;
            case 2:sum=31;break;
            case 3:sum=31+28;break;
            case 4:sum=31+28+31;break;
            case 5:sum=31+28+31+30;break;
            case 6:sum=31+28+31+30+31;break;
            case 7:sum=31+28+31+30+31+30;break;
```

```
            case 8:sum=31+28+31+30+31+30+31;break;
            case 9:sum=31+28+31+30+31+30+31+31;break;
            case 10:sum=31+28+31+30+31+30+31+31+30;break;
            case 11:sum=31+28+31+30+31+30+31+31+30+31;break;
            case 12:sum=31+28+31+30+31+30+31+31+30+31+30;break;
        }
        sum+=d.day;                          /* 天数累加 */
        if(d.month>2)                        /* 闰年处理 */
            if(d.year%400==0||d.year%100!=0&&d.year%4==0)
                sum+=1;
        printf("Total: %d\n",sum);
    }
    else
        printf("该日期是一个错误的日期\n");
}
```

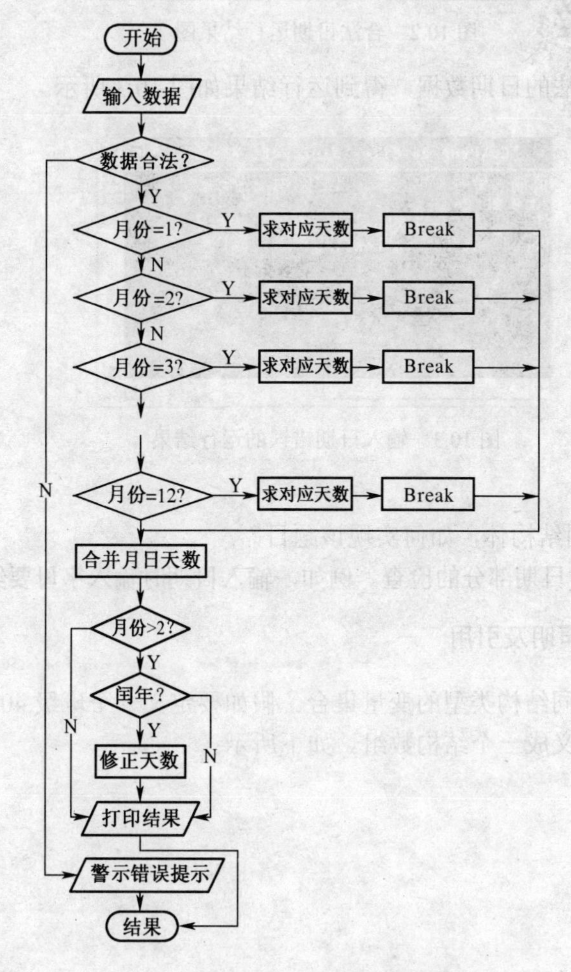

图 10.1　程序执行流程图

分析：

由于该程序设计到日期，因此定义结构体数据类型，包括 year（年）、month（月）、day

（日）三个成员，类型定义在主函数 main()前进行。接下来在主函数中定义相应的结构体变量，并输入结构体数值。

根据输入的日期值，针对不同的月份进行天数累加，计算到上月最后一天是第几天存放到 sum，将本月的天数加到 sum。特别需要注意的是要进行闰年处理：若月份大于 2，判断年份是否是闰年，若是闰年时 sum+1。

输入程序调试无误后运行，如果输入一个合法日期数据，得到运行结果如图 10.2 所示。

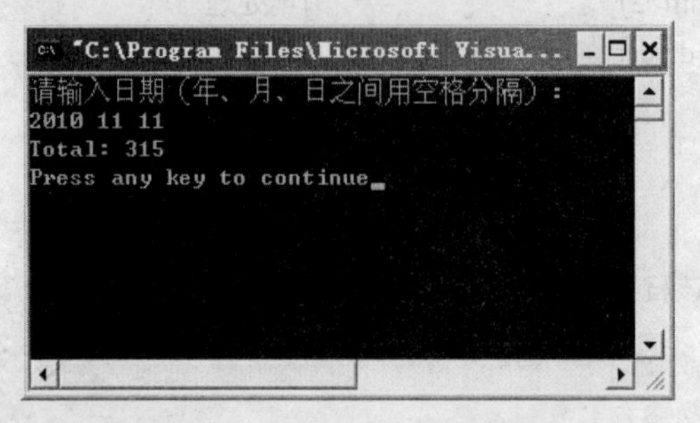

图 10.2 合法日期运行结果图

如果输入一个月份非法的日期数据，得到运行结果如图 10.3 所示。

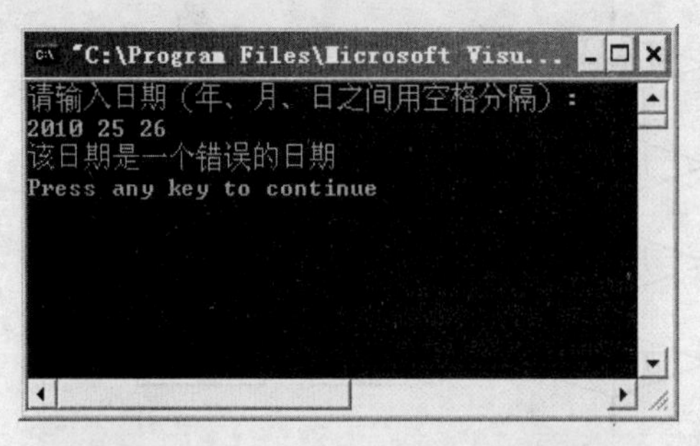

图 10.3 输入日期错误的运行结果

课后思考

（1）如果要求不使用结构体，如何实现该题目？

（2）请进一步完善对日期部分的检查。例如，输入日期时输入字母要给出相应错误提示。

10.1.2 结构数组的声明及引用

结构数组就是具有相同结构类型的变量集合。假如要定义一个班级 40 个同学的姓名、性别、年龄和住址，可以定义成一个结构数组。如下所示：

```
struct{
    char name[8];
    char sex[2];
    int age;
    char addr[40];
}student[40];
```

也可定义为：

```
struct string{
    char name[8];
    char sex[2];
```

```
    int age;
    char addr[40];
  };
  struct string student[40];
```

需要指出的是结构数组成员的访问是以数组元素为结构变量的，其形式为：

结构数组元素.成员名

例如：

```
student[0].name
student[30].age
```

实际上结构数组相当于一个二维构造，第一维是结构数组元素，每个元素是一个结构变量，第二维是结构成员。

注意：结构数组的成员也可以是数组变量。

例如：

```
struct a
{
  int m[3][5];
  float f;
  char s[20];
}y[4];
```

为了访问结构 a 中结构变量 y[2]的这个变量，可写成

```
y[2].m[1][4]
```

1. 实验目的和要求

（1）掌握结构数组的声明。

（2）掌握结构数组变量的访问。

2. 实验重点和难点

（1）结果数组的引用。

（2）使用结构数组进行变量赋值的正确方法。

3. 实验内容

求 5 个学生三门课程各科成绩的平均成绩，并显示总成绩最高分同学的基本信息和他的平均成绩。

程序流程图如图 10.4 所示。

参考程序

```
#include "stdio.h"
#define N 5
struct student                /* 定义结构体数据类型 */
{
   char num[5];               /* 学号（不超过 4 位） */
   char name[10];             /* 姓名（不超过 9 位） */
   int score1;                /* 成绩 1 */
   int score2;                /* 成绩 2 */
   int score3;                /* 成绩 3 */
};
```

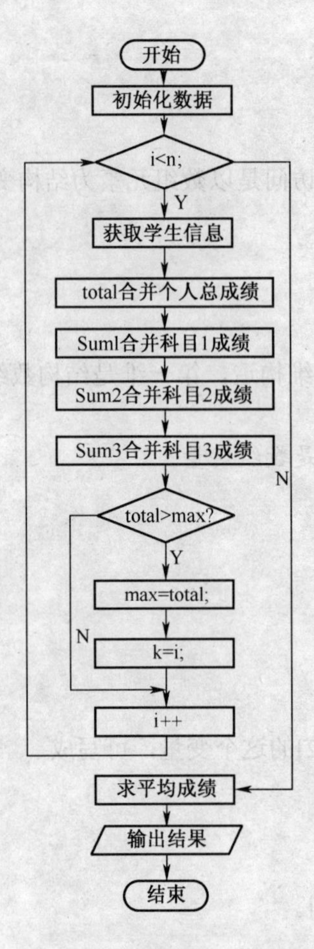

图 10.4　程序执行流程图

```
void main()
{
    struct student stu[N];          /*  定义结构体数组  */
    int max=0,sum1=0,sum2=0,sum3=0;
    int i,k=0,total,ave1,ave2,ave3,average;
    for(i=0;i<N;i++)                 /*  输入学生数据，并进行成绩统计  */
    {
        printf("No.%d: \n",i+1);
        printf("Enter num:");
        gets(stu[i].num);
        printf("Enter name:");
        gets(stu[i].name);
        printf("Enter score1,score2,score3:");
        scanf("%d,%d,%d",&stu[i].score1,&stu[i].score2,
        &stu[i].score3);
        getchar();
        total=stu[i].score1+stu[i].score2+stu[i].score3;
        sum1+=stu[i].score1;
        sum2+=stu[i].score2;
        sum3+=stu[i].score3;
```

```
        if(total>max)
        {
            max=total;
            k=i;
        }                              /*第 k 个结构体元素为最高分学生数据*/
    }
    ave1=sum1/N;
    ave2=sum2/N;
    ave3=sum3/N;
    average=(stu[k].score1+stu[k].score2+stu[k].score3)/3;
    printf("The average score of this class are:\n");
    printf("score1=%d, score2=%d, score3=%d\n",ave1,ave2,ave3);
    printf("The student of maxscore is:\n");
    printf("num:%s,name:%s,score1:%d,score2:%d,score3:%d,average:%d\n",
    stu[k].num,stu[k].name,stu[k].score1,stu[k].score2,
    stu[k].score3,average);
}
```

分析：

该题目中的学生信息因为包括不同类型的数据信息，因此考虑使用结构类型进行变量定义，由于涉及多个学生的信息和成绩，为了便于访问，可以定义结构数组。

由于要显示三门功课对应的平均成绩，因此定义三个变量 sum1、sum2、sum3 来对输入的每门课成绩进行累计求和，以求取平均成绩；定义变量 total 来存放各个同学各门功课总成绩，并结合 sum 变量进行大小比较判断，使得 sum 变量最终存放的是总成绩最高同学对应的成绩，并使用变量 k 记录该同学的序号，从而为输出该同学个人信息提供便利。

运行程序，输入三个学生的数据：学号不超过 4 字符，以回车键结束；姓名不超过 9 字符，以回车键结束；成绩数据之间用逗号分隔，以回车键结束得到运行结果如图 10.5 所示。

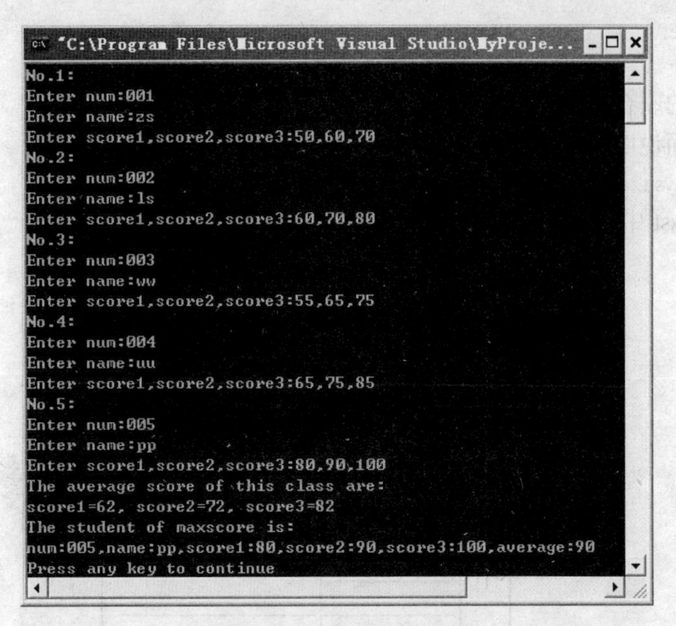

图 10.5　程序运行结果图

课后思考

（1）实验内容中如果要求在程序中直接对数组赋值，而不需要输入，应如何实现？

（2）请考虑如果要求按总分排序后由大到小输出学生记录，应如何修改程序？

10.1.3 联合

联合体和结构体类似，也是一种构造类型，它将不同类型的数据项存放在同一内存区域内，组成联合体的各个数据项也称为成员或域。

联合体与结构体不同的是：结构体变量的各成员占用连续的不同的存储单元，而联合体变量的各成员占用相同的存储单元。由于联合体类型将不同类型的数据在不同时刻存储到同一内存区域内，因此使用联合体类型可以更好地利用存储空间。

（1）联合说明和联合变量定义。

联合也是一种新的数据类型，它是一种特殊形式的变量。

联合说明和联合变量定义与结构十分相似。其形式为：

```
union 联合名{
  数据类型 成员名;
  数据类型 成员名;
  ...
} 联合变量名;
```

联合表示几个变量公用一个内存位置，在不同的时间保存不同的数据类型和不同长度的变量。

下例表示说明一个联合 a_bc：

```
union test{
    char c;
    float d;
    double e;
};
```

再用已说明的联合可定义联合变量。

例如，用上面说明的联合定义一个名为 lgc 的联合变量，可写成：

```
union test yst;
```

在联合变量 yst 中，字符变量 c、浮点类型 d 和 double 类型 e 共用同一内存位置，存储结构如图 10.6 所示。

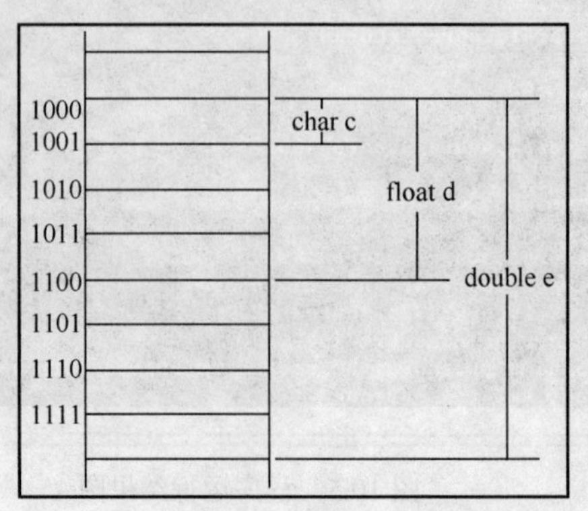

图 10.6 联合体存储结构图

当一个联合被说明时，编译程序自动地产生一个变量，其长度为联合中最大的变量长度。联合访问其成员的方法与结构相同。同样联合变量也可以定义成数组或指针，但定义为指针时，也要用“->”符号，此时联合访问成员可表示成：

联合名->成员名

另外，联合也可以出现在结构内，它的成员也可以是结构。

例如：

```
struct{
    int age;
    char *addr;
    union{
        int i;
        char *ch;
    }x;
}y[10];
```

若要访问结构变量 y[1]中联合 x 的成员 i，可以写成：

```
y[1].x.i;
```

若要访问结构变量 y[2]中联合 x 的字符串指针 ch 的第一个字符可写成：

```
*y[2].x.ch;
```

若写成“y[2].x.*ch;”是错误的。

（2）结构和联合的区别。

结构和联合有下列区别：

1）结构和联合都是由多个不同的数据类型成员组成，但在任何同一时刻，联合中只存放了一个被选中的成员，而结构的所有成员都存在。

2）对于联合的不同成员赋值，将会对其他成员重写，原来成员的值就不存在了，而对于结构的不同成员赋值是互不影响的。

下面举一个例子来加深对联合的理解。

```
main()
{
    union{          /*定义一个联合*/
        int i;
        struct{     /*在联合中定义一个结构*/
            char first;
            char second;
        }half;
    }number;
    number.i=0x4241;        /*联合成员赋值*/
    printf("%c%c\n", number.half.first, number.half.second);
    number.half.first='a';  /*联合中结构成员赋值*/
    number.half.second='b';
    printf("%x\n", number.i);
}
```

输出结果为：

```
AB
6261
```

从上例结果可以看出：当给 i 赋值后，其低八位也就是 first 和 second 的值；当给 first 和 second 赋字符后，这两个字符的 ASCII 码也将作为 i 的低八位和高八位。

在使用联合体的时候，特别要注意下面几个方面：①对同一共用体的不同成员进行赋值后，共用体变量中存储的是最后一次成员的赋值；②不能直接使用共用体变量名进行输入输出；③可以直接使用共用体变量名对一个同类型的共用体变量赋值；④共用体变量名可以作为函数参数；⑤不能对共用体变量进行初始化；⑥可以定义共用体类型的数组；⑦可以定义共用体类型的指针，也可以使用共用体类型的指针作函数参数。引用指针指向共用体的成员同样使用运算符“->”。

1. 实验目的和要求

（1）掌握联合说明和联合变量定义的方法。

（2）熟练掌握联合变量的访问。

2. 实验重点和难点

（1）结构和联合的区别。

（2）联合变量使用方法。

3. 实验内容

编写程序打印学生信息，要求学生信息中包含用联合体表示的学生电话号码，号码或者为手机号，用字符串表示，或者为固定电话，用整型数据表示。

程序流程图如图 10.7 所示。

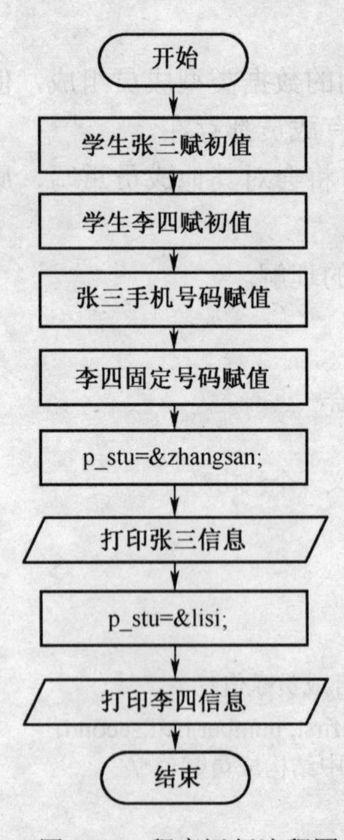

图 10.7 程序运行流程图

参考程序

```
#include "stdio.h"
#include "string.h"
struct date
```

```
{   int year;
    int month;
    int day;
};
union phone
{
    char mobile[20];
    int tele;
};
struct   student
{
    char name[20];
    int age;
    char sex[3];
    char xh[11];
    struct date birthday;
    union phone phonenumber;
};
void main()
{   struct student zhangsan =
    {"zhangsan",30,"M","201001001",1980,1,12};
    struct student lisi =
    {"lisi",28,"F","201001002",1982,2,23};
    struct student *p_stu;
    strcpy(zhangsan.phonenumber.mobile,"13838756968");
    lisi.phonenumber.tele = 28281174;
    p_stu = &zhangsan;
    printf("NO.1\n");
    printf("姓名：%s,年龄：%d,性别：%s,学号：%s\n", p_stu->name,p_stu->age,p_stu->sex,p_stu->xh);
    printf("该学生出生于：%d,%d,%d\n", p_stu->birthday.year,p_stu->birthday.month,p_stu->birthday.day);
    printf("电话号码是：%s\n",p_stu->phonenumber.mobile);
    printf("NO.2\n");
    p_stu = &lisi;
    printf("姓名：%s,年龄：%d,性别：%s,学号：%s\n", p_stu->name,p_stu->age,p_stu->sex,p_stu->xh);
    printf("该学生出生于：%d,%d,%d\n", p_stu->birthday.year,p_stu->birthday.month,p_stu->birthday.day);
    printf("电话号码是：%ld\n",p_stu->phonenumber.tele);
}
```

分析：

由于记录学生信息，所以考虑用结构体实现，题目要求的电话号码为“或者”关系，即号码或者用手机号，或者用固定电话，因此考虑使用联合体实现。该题目编写起来比较简单，但需要注意输出内容的格式控制，运行效果如图 10.8 所示。

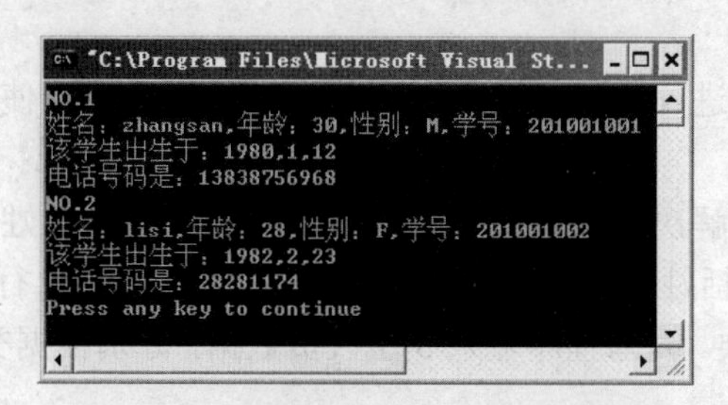

图 10.8　合法数据运行结果图

课后思考

（1）如果要求学生信息手动输入，如何实现？

（2）请完善程序，对输入格式错误的数据给出错误提示。

10.2 举一反三

上节中在实现打印学生信息时，定义了一个结构体指针变量，通过该变量访问结构体对象成员数据进行输入和打印显示的工作，如果题目中要求不能够使用指针实现，请问程序应该如何修改？

分析：

在本章节第一部分内容回顾中了解到，如果定义了指针，在访问结构体时必须使用“->”符号进行访问，但如果直接访问结构体对象中的成员，使用“.”符号即可完成。

修改后 main()函数参考程序如下：

```
void main()
{
struct student zhangsan =
    {"zhangsan",30,"M","201001001",1980,1,12};
    struct student lisi =
    {"lisi",28,"F","201001002",1982,2,23};
    strcpy(zhangsan.phonenumber.mobile,"13838756968");
    lisi.phonenumber.tele = 28281174;
    printf("NO.1\n");
    printf("姓名：%s,年龄：%d,性别：%s,学号：%s\n", zhangsan.name,zhangsan.age,zhangsan.sex, zhangsan.xh);
    printf("该学生出生于：%d,%d,%d\n", zhangsan.birthday.year,zhangsan.birthday.month,zhangsan.birthday.day);
    printf("电话号码是：%s\n",zhangsan.phonenumber.mobile);
    printf("NO.2\n");
    printf("姓名：%s,年龄：%d,性别：%s,学号：%s\n", lisi.name,lisi.age,lisi.sex,lisi.xh);
    printf("该学生出生于：%d,%d,%d\n", lisi.birthday.year,lisi.birthday.month,lisi.birthday.day);
    printf("电话号码是：%ld\n",lisi.phonenumber.tele);
}
```

进一步思考，如果有多个学生信息，要储存并且输出，可以使用什么数据结构解决？如果使用数组实现过程应如何修改，使用链表呢？

10.3 程序实例

本节将通过一个实例进一步对各个知识点的内容加以巩固，使读者更好掌握这些知识点进行实际问题的解决。

使用结构体和联合体解决学校人员管理问题。教师数据包括姓名、性别、年龄、类别、教研室 5 项；学生数据包括姓名、性别、年龄、类别、班级 5 项；行政人员数据包括姓名、性别、年龄、类别和职务 5 项。编写程序输入 5 个人员数据，分别根据类别区分输入不同的数据，最后以表格形式输出。

参考程序

```
#include "stdio.h"
#include "string.h"
struct person
{
    char name[10];
    char sex;
    int age;
    char type;
    union
    {
        int cla;
        char office[16];
        char post[20];
    } rank;
};

void main()
{
    struct person per[5];
    int i;
    printf("请输入人员信息：姓名 性别 年龄 类别\n");
    printf("(注意's'表示学生，'t'表示教师，'p'表示行政人员)\n");
    for (i=0;i<5;i++)
    {
        printf("No %d:",i+1);
        scanf("%s %c %d %c",per[i].name,&per[i].sex,&per[i].age,&per[i].type);
        switch (per[i].type)
        {
            case 's':
                scanf("%d",&per[i].rank.cla);
                break;
            case 't':
                scanf("%s",per[i].rank.office);
                break;
            case 'p':
                scanf("%s",per[i].rank.post);
                break;
        }
    }
    printf("您输入的人员名单信息如下所示：\n");
    for (i=0;i<5;i++)
    {
        printf("No %d:",i+1);
        printf("%s\t %c\t %d\t %c\t",per[i].name,per[i].sex,per[i].age,per[i].type);
        switch (per[i].type)
        {
```

```
            case 's':
                printf("%d\n",per[i].rank.cla);
                break;
            case 't':
                printf("%s\n",per[i].rank.office);
                break;
            case 'p':
                printf("%s\n",per[i].rank.post);
                break;
        }
    }
}
```

分析：

观察人员数据，发现具备一定的规律，部分内容相同，最后一部分数据根据人员的类别不同而发生变化，因此考虑使用结构体，而最后一部分数据共有三种形态，都表示同一项内容，因此使用联合体可以很好地解决数据的存储。

要完成题目要求的功能，定义结构体数据数组，包含 5 个人员信息，在输入时要根据人员类别的不同分别输入对应数据，如果类别为学生，输入班级；如果类别为教师，输入教研室；如果类别为行政人员，输入级别，程序调试无误后运行得到如图 10.9 所示的结果。

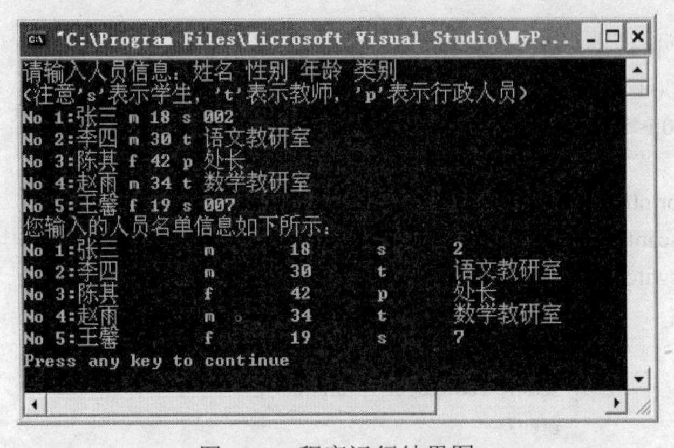

图 10.9　程序运行结果图

第 11 章　位运算

11.1　程序验证

数据在计算机内存中都是以二进制的形式储存的。位运算直接对整数在内存中的二进制位进行操作。整数在计算机内部有原码、反码、补码等表示方式，大多数计算机内部用补码进行整数的表示。

原码表示规则：用最高位表示符号位，用“0”表示正号，“1”表示负号，其余各位表示数值大小。

补码的表示规则是：正数的补码与原码相同；负数的补码是其绝对值的原码按位取反后再加 1。

C 语言中提供了 6 个基本的位运算操作，分别是：按位与（&）、按位或（|）、按位异或（^）、按位取反（~）、左移（<<）和右移（>>）。

1. 实验目的和要求

（1）掌握位运算的基本概念，掌握补码的表示方法。

（2）掌握位运算的使用。

2. 实验重点和难点

（1）编写并调试程序。

（2）调试程序的注意事项、上机编写 C 语言程序的步骤及错误修改。

3. 实验内容

（1）输入两个正整数，然后分别输出按位与和按位异或后的结果。

参考程序

```
#include <stdio.h>
main()
{
   int n,m;
   printf("Please Input m,n:");
   scanf("%d,%d",&m,&n);
   printf("The result:%d,%d\n",m&n,m^n);
}
```

（2）输入一个正整数，用移位运算实现其分别乘以 4 和除以 4 的结果。

参考程序

```
#include <stdio.h>
main()
{
   int n;
   printf("Please Input a number:");
   scanf("%d",&n);
```

```
    printf("The result:%d,%d\n",n<<2,n>>2);
}
```

程序运行结果如图 11.1 所示。

```
Please Input a number:36
The result:144,9
```

图 11.1 程序运行结果图

（3）编程实现输入一个整数，输出该数的原码和补码。

程序流程图如图 11.2 所示。

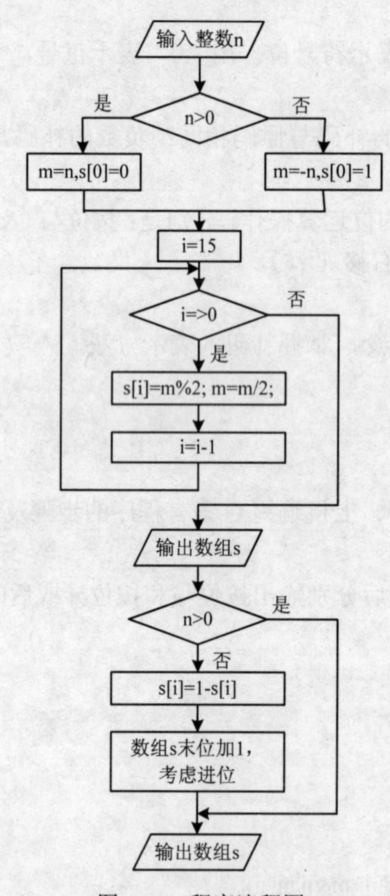

图 11.2 程序流程图

参考程序

```
#include <stdio.h>
void main()
{
    int n,m,i,c;
    int s[16];
    scanf("%d",&n);
    if (n=>0)
```

```
    {s[0]=0; m=n;}
    else
    {s[0]=1; m=-n;}                /*取符号位*/
    for(i=15;i>0;i--)
    {s[i]=m%2;
    m=m/2;}                        /*绝对值转换为二进制*/
    for(i=0;i<16;i++)
    printf("%d",s[i]);             /*输出原码*/
    printf("\n");
    if (s[0]==1)
    {
     for(i=1;i<16;i++)
     s[i]=1-s[i];                  /*如果是负数，每一位取反，得到反码*/
     c=1;
     for(i=15;i>0;i--)
     {
       s[i]=s[i]+c;
       if(s[i]= =2)
       {s[i]=0; c=1;}
       else
            c=0;                   /*末位加 1，同时考虑向上进位*/
     }
    }
    for(i=0;i<16;i++)
    printf("%d",s[i]);             /*输出补码*/
    printf("\n");
  }
```

分析：

用一个有 16 个元素的数组 s 保存对应的原码和补码，其中 s[0]保存符号位。首先判断 n 值的正负，如果非负，则 s[0]为 0，否则为 1；然后求 n 的绝对值放入 m，将 m 用循环除法求出其对应的二进制放入 s[1]到 s[15]，这样就得到原码。将 s[1]到 s[15]按位取反后再末位加 1，得到其补码。

程序运行结果如图 11.3 所示，当输入正数 29 时，其原码和补码相同。

当输入负数-29 时，其输出结果如图 11.4 所示。

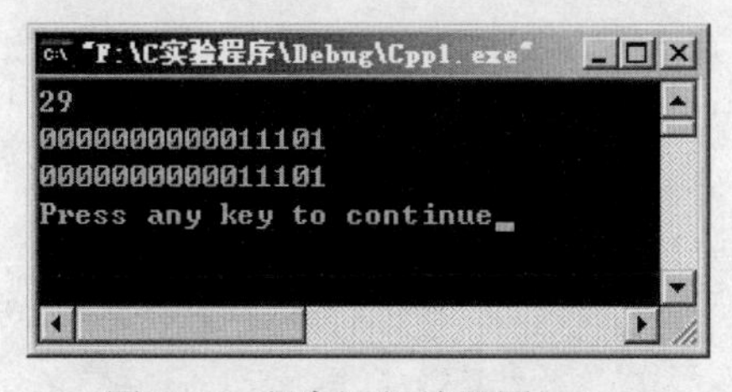

图 11.3　程序运行结果图（1）

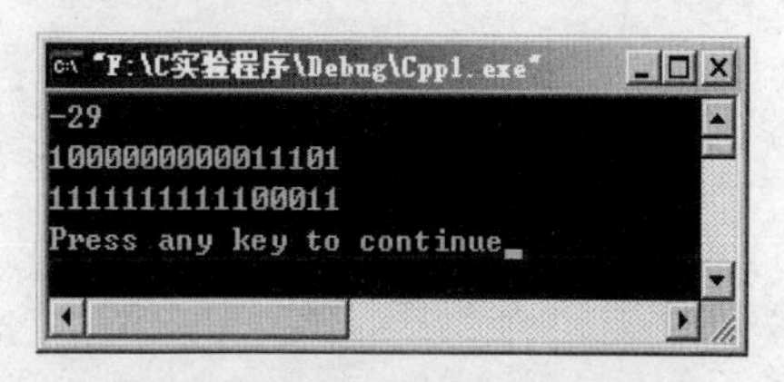

图 11.4　程序运行结果图（2）

11.2　举一反三

在 11.1 实验内容（3）中，将绝对值转换为二进制采用了循环除法。如果利用位运算，则可以使用右移，方法是：将该整数右移一位，再进行左移一位结果放入另一变量 p，用原整数减去 p，得到最低的二进制位放入数组，然后原整数本身右移一位。对以上步骤循环 16 次即可得到对应的二进制数组。转换部分代码如下：

```
for(i=15;i>0;i--)
{
  p=m>>1;
  p=p<<1;
  s[i]=m-p;
  m=m>>1;
}
```

11.3 程序实例

输入一个字符串，对该字符串进行加密，然后输出加密后的结果，密码设为字符 a。

分析：

从键盘输入一字符串，求出字符串的长度，通过循环完成字符串中每个字符与字符 a 进行按位异或运算，然后输出处理后的字符串。加密部分代码如下：

```
n=len(s);
for ( i=0; i<n; i++)
s[i]=s[i]^ 'a';
```

第 12 章　文件

12.1　程序验证

文件是指有组织的存储在外部介质(内存以外的存储介质)上数据的集合。每一个文件必须有一个文件名，一个文件名由文件路径、文件名主干和文件名后缀 3 部分组成。计算机系统按文件名对文件进行组织和存取管理，C 语言提供了强大的文件管理功能。文件分为文本文件和二进制文件两类。文本文件是将每一个字节转换成其对应的一个 ASCII 代码，然后进行存放；二进制文件是把内存中的数据按其在内存中的存储形式原样输出到磁盘上存放。

在 C 语言中，对文件的读写操作是通过调用库函数实现的。标准输入输出函数通过操作 FILE 类型的指针实现对文件的存取。

利用标准输入输出函数进行文件处理的一般步骤为：①首先打开文件，建立文件指针与外部文件的联系；②通过文件指针或文件描述符进行读/写操作；③关闭文件，断开文件指针与外部文件的联系。

C 语言提供了以下几个文件操作函数：

（1）打开文件。

fopen(文件名,文件操作方式);

其中文件名是一个字符串，可以是常量或变量，文件操作方式常用的有：

“r”　为读出打开一个文本文件。

“w”　为写入数据创建并打开一个文本文件。

“a”　打开一个文本文件，可以向其中追加数据，如果文件不存在，则与“w”相同。

“rb”　为读出打开一个二进制文本文件。

“wb”为写入数据创建并打开一个二进制文本文件。

“ab”　打开一个二进制文本文件，可以向其中追加数据，如果文件不存在，则与“w”相同。

（2）关闭文件。

fclose(文件指针);

（3）从文件中读数据。

fgetc(文件指针);，从文件指针所指向的文件中读取一个字符。

fgets(串变量,长度,文件指针);，从文件指针所指向的文件中读取 n-1 个字符，并在最后自动添加'\0'，将其放串变量中。

fscanf(文件指针,格式字符串,输入列表项);，按照格式字符串的格式，将文件指针所指向的文件中的数据赋值给输入列表项。

fread(缓冲区 buf,数据块长度 size,数据块个数 n,文件指针);，从文件指针所指向的文件中读取数据，将读取的数据存储到 buf 所指向的数据存储区，每次读入 size 个字节，读取 n 次。

（4）向文件中写入数据。

fputc(字符,文件指针);，将字符写到文件指针所指向的文件中。

fputs(字符串,文件指针);，将字符串写到文件指针所指向的文件中。

fprintf(文件指针,格式字符串,输出列表项);，按照格式字符串的格式，将输出列表项中的内容输出到文件指针所指向的文件。

fwrite(缓冲区 buf,数据块长度 size,数据块个数 n,文件指针);，将缓冲区 buf 中的数据写入到文件指针所指向的文件中，每次写入 size 个字节，写入 n 次。

（5）调整位置指针。

fseek(文件指针,位移量 n,起始点);，将位置指针从起始点开始，移动 n 个字节，到达新的读写。

rewind(文件指针);，使位置指针当前指向文件头。

（6）取文件位置指针的值。

ftell(文件指针);，返回位置指针当前指向的位置，即当前文件读写的位置。

（7）判断位置指针是否到达文件尾。

feof(文件指针);，判断位置指针是否指向文件尾，即读文件时是否到文件结束位置。

12.1.1 文件的读写

1. 实验目的和要求

（1）正确使用文件的打开方法。

（2）掌握文本文件内容的读取方法。

（3）正确使用文件的关闭方法。

（4）掌握文件是否结束的判断。

2. 实验重点和难点

（1）文件的打开。

（2）文件的读取方法。

3. 实验内容

（1）编写程序，该程序能显示出一个文本文件的内容。

程序流程图如图 12.1 所示。

参考程序

```
#include "stdio.h"
#include "stdlib.h"
void main()
{
FILE *fp;
char ch, filename[80];
printf(" Please input file name:\n");
scanf("%s",filename);
if ( ( fp=fopen(filename,"r") ) ==NULL )
{
printf("File open error !\n");
exit(1);
}
```

```
while ( !feof(fp) )
{
ch=fgetc(fp);
putchar(ch);
}
fclose(fp);
}
```

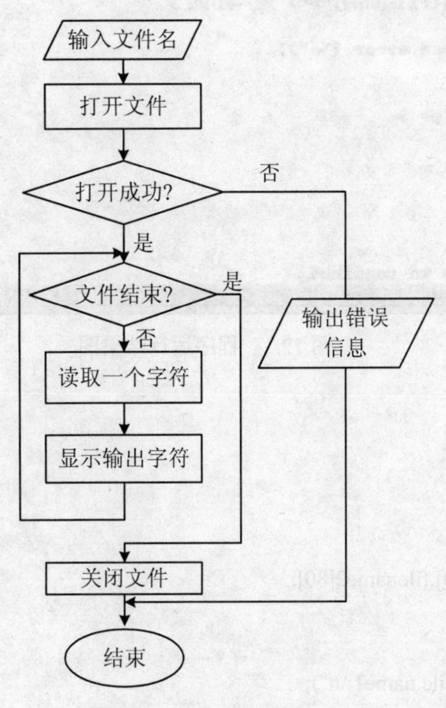

图 12.1 程序流程图

分析：

首先输入一个字符串，用于指定文件名，然后打开文件，如果文件打开成功，则每次从文件中读取一个字符，然后显示输出，直到文件结束。关闭文件后程序结束。

当文件不存在时，运行界面如图 12.2 所示。

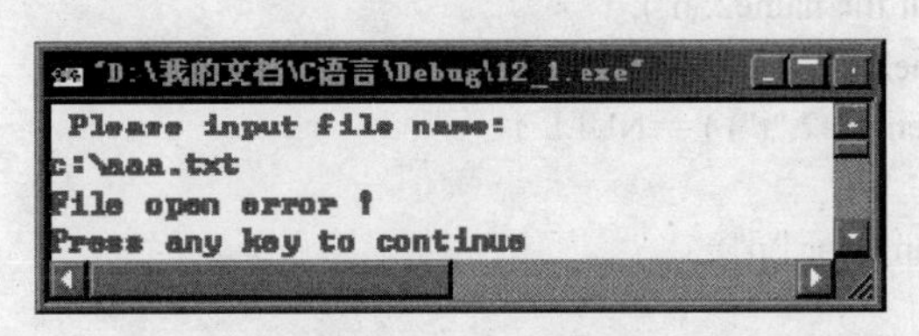

图 12.2 出错提示图

如果文件打开成功，运行界面如图 12.3 所示。

（2）有两个磁盘文件 A 和 B，各存放一行字母，要求把这两个文件中的信息合并（按字母顺序排列），输出到一个新文件 C 中。

```
"D:\我的文档\C语言\Debug\12_1.exe"
Please input file name:
h:\12_1.c
#include "stdio.h"
#include "stdlib.h"
void main()
{
FILE *fp;
char ch, filename[80];
printf("Please input file name:\n");
fscanf("%s",filename);
if ( ( fp=fopen(filename,"r") ) ==NULL )
{
printf("File open error !\n");
exit(1);
}
while ( !feof(fp) )
{
ch=fgetc(fp);
putchar(ch);
}
fclose(fp);
}
Press any key to continue
```

图 12.3　程序运行结果图

参考程序

```
#include "stdio.h"
void main()
{
FILE *fp1,*fp2;
char ch, filename1[80],filename2[80];
char str[255];
int n,i,j;
printf(" Please input file name1:\n");
scanf("%s",filename1);
if ( ( fp1=fopen(filename1,"r") ) ==NULL )
{
   printf("File1 open error !\n");
   exit(1);
}
printf(" Please input file name2:\n");
scanf("%s",filename2);
if ( ( fp2=fopen(filename2,"r") ) ==NULL )
{
   printf("File1 open error !\n");
   exit(1);
}
n=0;
while ( (ch=fgetc(fp1)) != EOF )   str[n++]=ch;
fclose(fp1);
while ( (ch=fgetc(fp2)) != EOF )   str[n++]=ch;
fclose(fp2);
str[n]='\0';
for(i=0;i<n-1;i++)
```

```
for(j=i+1;j<n;j++)
if ( str[i]>str[j])
{
   ch=str[i];
   str[i]=str[j];
   str[j]=ch;
}
printf(" Please input file name3:\n");
scanf("%s",filename1);
if ( ( fp1=fopen(filename1,"w") ) ==NULL )
{
   printf("File1 open error !\n");
   exit(1);
}
fputs(str,fp1);
fclose(fp1);
}
```

分析：

首先将两个文件打开，分析将其中的内容读入到字符数组 str 中，然后对 str 进行排序，将排序后的字符串写入到结果文件中。

在读取文件时用 while ((ch=fgetc(fp1)) != EOF)　str[n++]=ch;语句，当读出的字符不是结束标志 EOF 时，放入数组 str，变量 n 记录读入的字符个数。

假设 H 盘上有文本文件 ex1.txt 和 ex2.txt，其内容分别为：

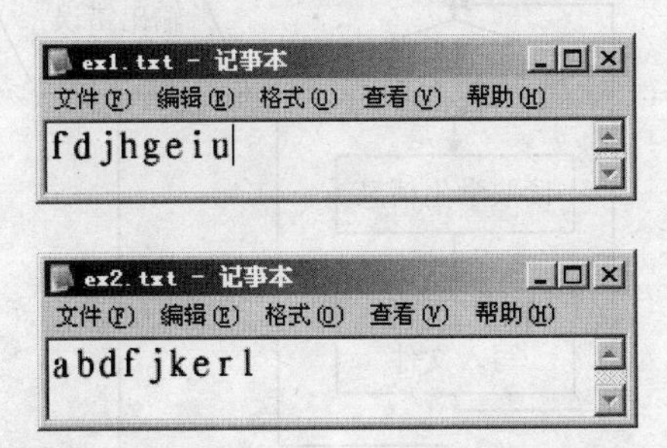

程序运行结果如图 12.4 所示。

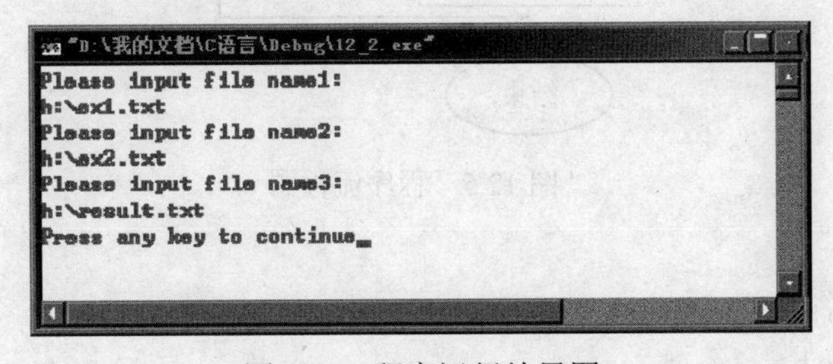

图 12.4　程序运行结果图

运行后在 H 盘上生成一个文件 result.txt，打开该文件可看到其内容如下：

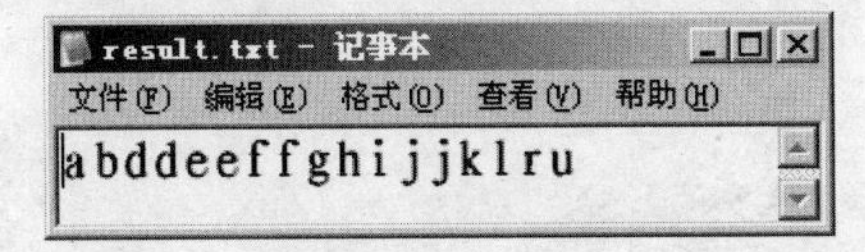

12.1.2 文件函数应用

1. 实验目的和要求

（1）正确使用文件的打开与关闭方法。

（2）掌握文件的读写操作函数。

（3）掌握文件是否结束的判断。

（4）复习巩固程序基本结构。

2. 实验重点和难点

（1）文件的打开和关闭。

（2）文件的读取和写入常用函数的使用方法。

3. 实验内容

编程有 5 个学生，每个学生有 3 门课的成绩，从键盘输入以上数据（包括学生号，姓名，三门课成绩），计算出总成绩，将原有的数据和计算出的总分数存放在磁盘文件 stu.txt 中。

程序流程图如图 12.5 所示。

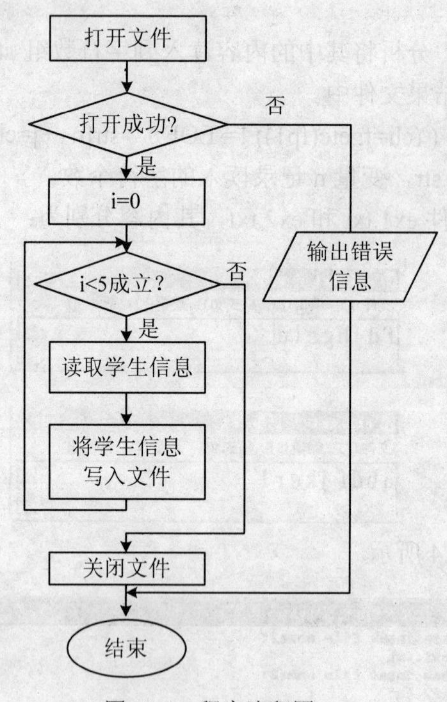

图 12.5 程序流程图

参考程序

```
#include <stdio.h>
#include <string.h>
int main(void)
{
    FILE *fp;
    char name[20];
    int sn1,sn2,sn3;
    int sum;
```

```
    int i;
    if((fp=fopen("d:\\stu.txt","w"))==NULL)
    {
        printf("Failed to open this file.\n ");
        exit (0);
    }

    for(i=1;i<=5;i++)
    {
     printf("Please input name of student %d:",i);
     scanf("%s",name);
     printf("Please input score1,score2,score3:");
     scanf("%d,%d,%d",&sn1,&sn2,&sn3);
     fprintf(fp,"%s %d %d %d %d\n",name,sn1,sn2,sn3,sn1+sn2+sn3);
    }
    fclose(fp);
    return 0;
}
```

分析：

首先以写方式打开文件 stu.txt，由于学生人数已知，所以用 for 循环，对每个学生的信息从键盘输入，然后用 fprintf()函数写入文件，最后关闭文件。

该程序运行结果如图 12.6 所示。

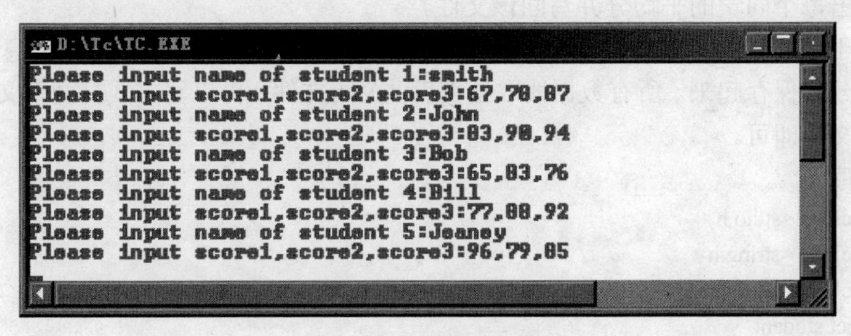

图 12.6　程序运行结果图

运行结束后，在 D 盘上生成一个文本文件 stu.txt，该文件的内容如图 12.7 所示。

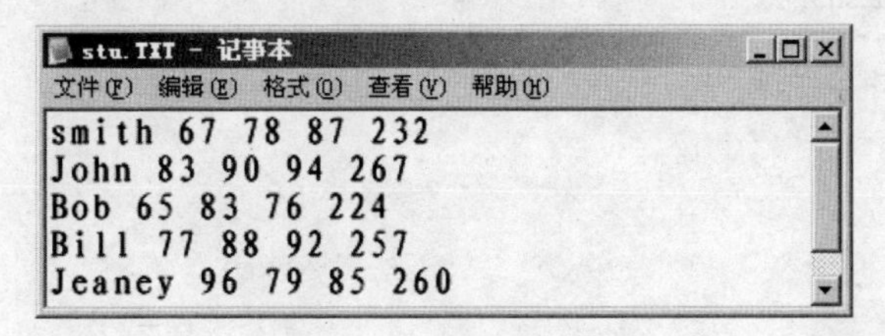

图 12.7　文件内容图

12.2　举一反三

在上面学生成绩的程序中，键盘输入每个学生的数据时，在输入姓名后，需要按回车键，然后再输入 3 门成绩数据。如果将 scanf("%s",name);换成 gets(name);，输入部分用以下语句来实现

```
printf("Please input name   and score1,score2,score3 of student %d:",i);
        gets("%s",name);
        scanf("%d,%d,%d",&sn1,&sn2,&sn3);
```

则姓名和成绩可在同一行完成，其中姓名和成绩之间以空格分开，但是姓名内容就不能有空格。

程序中学生人数是已知的，如果学生人数不确定，则可以用 while 实现循环，用一个标志来控制循环的结束，比如可以 sn1（成绩 1）输入为-1 时为输入结束。程序主体部分可以修改为：

```
printf("Please input name and score1,score2,score3:");
    gets("%s",name);
    scanf("%d,%d,%d",&sn1,&sn2,&sn3);
    while ( sn!= -1)
    {
        fprintf(fp,"%s %d %d %d %d\n",name,sn1,sn2,sn3,sn1+sn2+sn3);
        printf("Please input name and score1,score2,score3:");
        gets("%s",name);
        scanf("%d,%d,%d",&sn1,&sn2,&sn3);
    }
```

另外，如果学生数据是来自文件，则需要对文件进行读取，考虑以下程序：

已知 grade.txt 文件中保存有若干学生的姓名和 3 门课程的分数，编写程序读取该文件中的数据，求出每个同学的平均分并写回该文件。

为了便于处理，学生信息以结构体存储，先以读方式打开文件，把学生信息读取出来，计算出平均分后保存起来。所有数据读取结束后，关闭文件。再以写方式打开该文件，把保存的数据写入文件即可。

参考程序

```
#include <stdio.h>
#include <string.h>
#include <stdlib.h>
struct student
{
    char name[12];
    int   sn1,sn2,sn3;
    float ave;
} stu[100];
int main(void)
{
    FILE *fp;
    int i,j;
    if((fp=fopen("d:\\grade.txt","r"))==NULL)
    {
        printf("Failed to open this file.\n ");
        exit (0);
    }
    i=0;
```

```
    while (! feof(fp) )
    {
        fscanf(fp,"%d,%d,%d,%s",&stu[i].sn1,&stu[i].sn2,&stu[i].sn3,stu[i].name);
        stu[i].ave=(stu[i].sn1+stu[i].sn2+stu[i].sn3)/3.0;
        printf("%s %d,%d,%d,%f\n",stu[i].name,stu[i].sn1,stu[i].sn2,stu[i].sn3,stu[i].ave);
        i++;
    }
    fclose(fp);
  fp=fopen("d:\\grade.txt","w");
   for(j=0;j<i;j++)
      fprintf(fp,"%s %d,%d,%d,%f\n",stu[j].name,stu[j].sn1,stu[j].sn2,stu[j].sn3,stu[j].ave);
   fclose(fp);
   return 0;
 }
```

12.3 程序实例

（1）编写一个文件加密的程序，由用户输入原文件名、目标文件名和加密用的密码，程序实现对原文件内容进行加密，加密后的内容保存在目标文件中。

分析：

首先输入原文件名、目标文件名和密码。以读方式打开原文件，以写方式打开目标文件。当原文件没有结束时，从原文件中读取一个字节数据，与密码中的一个字节进行按位异或运算，然后把结果写入目标文件。

由于密码长度不确定，可以用一个变量 n 记录用户输入的密码长度，用另一变量 i 记录当前使用的密码字节的下标，每处理一个字节，变量 i 加 1，当 i 等于 n 时，i 赋值为 0，密码从头开始。

参考程序

```
#include "stdio.h"
main()
  {
    FILE *fp1,*fp2;
    char fn1[20],fn2[20],ps[8],c;
    int i,j,n,m;
    printf("Please input Source filename:\n");
    scanf("%s",fn1);
    if((fp1=fopen(fn1,"rb"))==NULL)
      {
        printf("File open error !\n") ;
        exit(1);
      }
    printf("Please input Target filename:\n");
    scanf("%s",fn2);
    if((fp2=fopen(fn2,"wb"))==NULL)
      {
        printf("File open error !\n") ;
```

```
            exit(1);
        }
    printf("Please input Password:\n");
    scanf("%s",ps);
    n=strlen(ps);
    i=0;
    while(!feof(fp1))
      {
         if (fread(&c,1,1,fp1)!=1)   break;
         c=c^ps[i]; i++;
         if (i==n) i=0;
         fwrite(&c,1,1,fp2);
      }
    fclose(fp1);
    fclose(fp2);
}
```

（2）设计一个学生成绩管理程序，每个学生的信息包括姓名和5门课成绩，管理功能包括增加学生的信息、查找并显示学生信息、删除指定学生的信息，操作数据保存在文件中。

分析：

首先打开文件，将所有学生信息读取出来，建立成一个链表，关闭该文件。

在屏幕上显示功能菜单如下：

```
Main Menu
A.Add a student
B.Find a student
C.Delete a student
D.Quit
```

如果用户选择Q，则以写方式打开文件，将链表中的数据依次写入文件，关闭文件后退出程序。

如果用户选择A，提示用户输入学生信息，将信息插入到链表尾部。

如果用户选择B，提示用户输入学生姓名，在链表中找到该学生，将其所有信息在屏幕上显示。

如果用户选择C，提示用户输入学生姓名，在链表中找到该学生节点，删除该节点。

附录一　全国计算机等级考试（二级 C 语言）简介

一、全国计算机等级考试介绍

全国计算机等级考试（National Computer Rank Examination，简称 NCRE）是经原国家教育委员会（现教育部）批准，由教育部考试中心主办，面向社会，用于考查应试人员计算机应用知识与技能的全国性计算机水平考试体系。

1．考试等级

全国计算机等级考试设四个等级。它不以评价教学为目的，考核内容不是按照学校要求设定，而是根据社会不同部门应用计算机的不同程度和需要、国内计算机技术的发展情况以及中国计算机教育、教学和普及的现状而确定的；它以应用能力为主，划分等级，分别考核，为人员择业、人才流动提供其计算机应用知识与能力水平的证明。考试具有中国特色，特别是，四级考试与美国教育考试服务处（ETS）技术合作，追踪世界先进水平，按国际规范设计考试。

一级：考核微型计算机基础知识和使用办公软件及因特网（Internet）的基本技能。

考试科目：一级 Microsoft Office、一级 WPS Office、一级 B 共三个科目。

考试形式：完全采取上机考试形式，各科上机考试时间均为 90 分钟。

考核内容：三个科目的考核内容包括微机基础知识和操作技能两部分。基础知识部分占全卷的 20%（20 分），操作技能部分占 80%（80 分）。各科目对基础知识的要求相同，以考查应知应会为主，题型为选择题。操作技能部分包括汉字录入、Windows 使用、文字排版、电子表格、演示文稿、因特网的简单应用。一级 B 在现有基础上增加对因特网知识的考核；与一级其他科目相比，一级 B 没有演示文稿部分。

系统环境：一级科目中操作系统为中文版 Windows XP，Microsoft Office 版本为中文专业版 Office 2003，WPS Office 版本为 2007 教育部考试专用版。

一级证书表明持有人具有计算机的基础知识和初步应用能力，掌握文字、电子表格和演示文稿等办公自动化软件（Microsoft Office、WPS Office）的使用及因特网（Internet）应用的基本技能，具备从事机关、企事业单位文秘和办公信息计算机化工作的能力。

二级：考核计算机基础知识和使用一种高级计算机语言编写程序以及上机调试的基本技能。

考试科目：语言程序设计（C、C++、Java、Visual Basic、Delphi）、数据库程序设计（Visual FoxPro、Access）共七个科目。

考核内容：二级定位为程序员，考核内容包括公共基础知识和程序设计。所有科目对基础知识作统一要求，使用统一的公共基础知识考试大纲和教程。二级公共基础知识在各科笔试中的分值比重为 30%（30 分）。程序设计部分的比重为 70%（70 分），主要考查考生对程序设计语言使用和编程调试等基本能力。

考试形式：二级所有科目的考试仍包括笔试和上机考试两部分。所有二级科目的笔试时间统一为 90 分钟，上机时间统一为 90 分钟。二级 C 笔试时间由 120 分钟改为 90 分钟，上机时间由60分钟改为90分钟。

系统环境：二级各科目上机考试应用软件为中文专业版Access 2003、中文专业版Visual Basic 6.0、中文专业版Visual FoxPro 6.0、Visual C++ 6.0，二级C上机应用软件Visual C++ 6.0，二级Java上机应用软件专用集成开发环境“NetBeans中国教育考试版2007”（有关网站将提供免费下载），二级Delphi使用Delphi 7.0版本。

二级证书表明持有人具有计算机基础知识和基本应用能力，能够使用计算机高级语言编写程序和调试程序，可以从事计算机程序的编制工作、初级计算机教学培训工作以及计算机企业的业务和营销工作。

三级考试科目分为“PC技术”、“信息管理技术”、“数据库技术”和“网络技术”等四个类别。“PC技术”考核PC机硬件组成和Windows操作系统的基础知识以及PC机使用、管理、维护和应用开发的基本技能；“信息管理技术”考核计算机信息管理应用基础知识及管理信息系统项目和办公自动化系统项目开发、维护的基本技能；“数据库技术”考核数据库系统基础知识及数据库应用系统项目开发和维护的基本技能；“网络技术”考核计算机网络基础知识及计算机网络应用系统开发和管理的基本技能。

三级“PC技术”证书，表明持有人具有计算机应用的基础知识，掌握Pentium微处理器及PC计算机的工作原理，熟悉PC机常用外部设备的功能与结构，了解Windows操作系统的基本原理，能使用汇编语言进行程序设计，具备从事机关、企事业单位PC机使用、管理、维护和应用开发的能力；三级“信息管理技术”证书，表明持有人具有计算机应用的基础知识，掌握软件工程、数据库的基本原理和方法，熟悉计算机信息系统项目的开发方法和技术，具备从事管理信息系统项目和办公自动化系统项目开发和维护的基本能力；三级“数据库技术”证书，表明持有人具有计算机应用的基础知识，掌握数据结构、操作系统的基本原理和技术，熟悉数据库技术和数据库应用系统项目开发的方法，具备从事数据库应用系统项目开发和维护的基本能力；三级“网络技术”证书，表明持有人具有计算机网络通信的基础知识，熟悉局域网、广域网的原理以及安全维护方法，掌握因特网（Internet）应用的基本技能，具备从事机关、企事业单位组网、管理以及开展信息网络化的能力。

四级分为“网络工程师”、“数据库工程师”和“软件测试工程师”三个类别。“网络工程师”考核网络系统规划与设计的基础知识及中小型网络的系统组建、设备配置调试、网络系统现场维护与管理的基本技能；“数据库工程师”考核数据库系统的基本理论和技术以及数据库设计、维护、管理、应用开发的基本能力；“软件测试工程师”考核软件测试的基本理论、软件测试的规范及标准，以及制定测试计划、设计测试用例、选择测试工具、执行测试并分析评估结果等软件测试的基本技能。

计算机职业英语分为一级、二级、三级。一级要求考生具备计算机基础知识，能在日常生活及与信息技术相关的工作环境中运用英语进行基本的交流。

2. 考试时间

NCRE采用全国统一命题，统一考试的形式。一级各科全部采用上机考试；二级、三级各科目均采用笔试和上机操作考试相结合的形式；四级目前采用笔试考试，上机考试暂未开考(上机考核要求在笔试中体现)；计算机职业英语采用笔试形式（含听力）。

笔试时间：二级均为90分钟；三级、四级为120分钟；计算机职业英语一级考试为90分钟。

上机考试时间：一级、二级均为90分钟，三级60分钟。

NCRE 考试每年开考两次，分别在三月及九月举行，具体日期以官方公布为准。笔试考试的当天下午开始上机考试（一级从上午开始），上机考试期限定为五天，由考点根据考生数量和设备情况具体安排。

考生不受年龄、职业、学历等背景的限制，任何人均可根据自己学习和使用计算机的实际情况，选考不同等级的考试。每次考试报名的具体时间由各省（自治区、直辖市）级承办机构规定。考生按照有关规定到就近考点报名。上次考试的笔试和上机考试仅其中一项成绩合格的，下次考试报名时应出具上次考试成绩单，成绩合格项可以免考，只参加未通过项的考试。

NCRE 考试笔试、上机考试实行百分制计分，但以等第分数通知考生成绩。等第分数分为“不及格”、“及格”、“良好”、“优秀”四等。笔试和上机考试成绩均在“及格”以上者，由教育部考试中心发合格证书。笔试和上机考试成绩均为“优秀”的，合格证书上会注明“优秀”字样。

全国计算机等级考试合格证书式样按国际通行证书式样设计，用中、英两种文字书写，证书编号全国统一，证书上印有持有人身份证号码。该证书全国通用，是持有人计算机应用能力的证明。

二、二级 C 语言考试介绍

1．二级公共基础知识考试大纲及考点分析

（1）基本数据结构与算法。

1）大纲要求。

- 算法的基本概念：算法复杂的概念和意义（时间复杂度与空间复杂度）
- 数据结构的定义：数据的逻辑结构与存储结构；数据结构的图形表示；线性结构与非线性结构的概念
- 线性表的定义：线性表的顺序存储结构及其插入与删除运算
- 栈和队列的定义：栈和队列的顺序存储结构及其基本运算
- 线性单链表，双向链表与循环链表的结构及其基本运算
- 树的基本概念：二叉树的定义及其存储结构；二叉树的前序，中序和后序遍历
- 顺序查找与二分法查找法：基本排序算法（交换类排序，选择类排序，插入类排序）

2）考点分析。

本部分内容在最近几次考试中，平均分数约占公共基础知识分数的 35%。

其中“算法的基本概念”、“栈和队列的定义”和“树的基本概念”是常考的内容，需要熟练掌握，多以选择题和填空题形式出现。其余考查内容在最近几次考试中所占比重较小。

（2）程序设计基础。

1）大纲要求。

- 程序设计方法与风格
- 结构化程序设计
- 面向对象的程序设计方法，对象，方法，属性，及继承与多态性

2）考点分析。

本部分内容在最近几次考试中所占分值比重较小，大约为公共基础知识分数的 15%。

其中“结构化程序设计”和“面向对象的程序设计方法”是本部分考核的重点，多出现

在选择题中。

（3）软件工程。

1）大纲要求。

- 软件工程基本概念，软件生命周期概念，软件工具与软件开发环境
- 结构化分析方法，数据流图，数据字典，软件需求规格说明书
- 结构化设计方法，总体设计与详细设计
- 软件测试的方法，百盒测试与黑盒测试，测试用例设计，软件测试的实施，单元测试，集成测试和系统测试
- 程序的调试，静态调试与动态调试

2）考点分析。

本部分内容在最近几次考试中所占分值比重较小，大约为公共基础知识分数的20%。其中后三项是本部分考核的重点，多出现在选择题和填空题中。

（4）数据库设计基础。

1）大纲要求。

- 数据库的基本概念：数据库，数据库管理系统，数据库系统
- 数据模型：实体联系模型及E-R图，从E-R图导出关系数据模型
- 关系代数运算：包括集合运算及选择，投影，连接运算，数据库规范化理论
- 数据库设计方法和步骤：需求分析，概念设计，逻辑设计和物理设计的相关策略

2）考点分析。

本部分内容在最近几次考试中所占分值比重较大，大约为公共基础知识分数的30%。其中后三项是本部分考核的重点，多出现在选择题和填空题中。其中关系模型和数据库关系系统更是考试重点，考生需要熟练掌握。

2. 二级C语言程序设计考试大纲及考点分析

（1）C语言的结构。

1）大纲要求。

- 程序的构成，main函数和其他函数
- 头文件，数据说明，函数的开始和结束标志以及程序中的注释
- 源程序的书写格式
- C语言的风格

2）考点分析。

以笔试和上机两种形式考核。笔试中常考查第一、二、四项，分值约占2%。上机程序改错题中常考查第三项。

（2）数据类型及其运算。

1）大纲要求。

- C的数据类型（基本类型，构造类型，指针类型，无值类型）及其定义方法
- C运算符的种类，运算优先级和结合性
- 不同类型数据间的转换与运算
- C表达式类型（赋值表达式，算术表达式，关系表达式，逻辑表达式，条件表达式，逗号表达式）和求值规则

2）考点分析。

以笔试和上机两种形式考核。笔试中，多出现在选择题和填空题中，分值约占 10%。上机中，第一、三、四项是考查重点，在三种题型中均有体现。

（3）基本语句。

1）大纲要求。

- 表达式语句，空语句，复合语句
- 输入/输出函数的调用，正确输入数据并正确设计输出格式

2）考点分析。

多以上机形式考核，在三种题型中均有体现。

（4）结构化程序设计。

1）大纲要求。

- 用 if 语句实现选择结构
- 用 switch 语句实现多分支选择结构
- 选择结构的嵌套

2）考点分析。

以笔试和上机两种形式考核。笔试中，多出现在选择题和填空题中，分值约占 8%。上机中，三种题型均有体现。

（5）循环结构程序设计。

1）大纲要求。

- for 循环结构
- while 和 do…while 循环结构
- continue 语句和 break 语句
- 循环的嵌套

2）考点分析。

以笔试和上机两种形式考核。笔试中，多出现在选择题和填空题中，分值约占 12%。上机中，三种题型中均有体现。

（6）数组的定义和引用。

1）大纲要求。

- 一维数组和二维数组的定义，初始化和数组元素的引用
- 字符串与字符数组

2）考点分析。

以笔试和上机两种形式考核。笔试中，多出现在选择题和填空题中，分值约占 12%。上机中，三种题型中均有体现。

（7）函数。

1）大纲要求。

- 库函数的正确调用
- 函数的定义方法
- 函数的类型和返回值
- 形式参数与实在参数，参数值的传递
- 函数的正确调用，嵌套调用，递归调用
- 局部变量和全局变量

- 变量的存储类别（自动，静态，寄存器，外部），变量的作用域和生存期

2）考点分析。

以笔试和上机两种形式考核。笔试中常考查六、七两项，分值约占 14%。上机中，三种题型中均有体现。

（8）编译预处理。

1）大纲要求。

- 宏定义和调用（不带参数的宏，带参数的宏）
- “文件包含”处理

2）考点分析。

以笔试和上机两种形式考核。笔试中，多出现在选择题中，分值约占 2%。上机中经常会考查第一项。

（9）指针。

1）大纲要求。

- 地址与指针的概念，地址运算符与间址运算符
- 一维，二维数组和字符串的地址以及指向变量，数组，字符串，函数，结构体的指针变量的定义。通过指针引用以上各类型数据
- 用指针作函数参数
- 返回地址值的函数
- 指针数组，指向指针的指针

2）考点分析。

以笔试和上机两种形式考试。笔试中，多出现在选择题和填空题中，分值约占 12%。上机中，三种题型中均有体现。

（10）结构体（即“结构”）与公共体（即“联合”）。

1）大纲要求。

- 用 typedef 说明一个新类型
- 结构体和公用体类型数据的定义和成员的引用
- 通过结构体构成链表，单向链表的建立，节点数据的输出，删除和插入

2）考点分析。

以笔试和上机两种形式考核。笔试中，多出现在选择题和填空题中，分值约占 8%。上机中，三种题型均有体现。

（11）位运算。

1）大纲要求。

- 位运算符的含义和使用
- 简单的位运算

2）考点分析。

以笔试形式考核，多出现在选择题中，分值约占 2%。

（12）文件操作。

1）大纲要求。

- 文件类型指针（FILE 类型指针）
- 文件的打开与关闭（fopen，fclose）

- 文件的读写（fput，fgetc，fputs，fgets，fread，fwrite，fprint，fscanf 函数的应用），文件的定位（rewind，fseek 函数的应用）

2）考点分析。

以笔试和上机两种形式考核。笔试中，多出现在选择题和填空题中，分值约占 6%。上机中，多以程序填空题和程序改错的形式出现。

附录二　ACM/ICPC 竞赛和在线测试系统介绍

一、ACM/ICPC 简介

ACM 国际大学生程序设计竞赛（ACM/ICPC 或 ICPC）是由美国计算机协会（ACM）主办的，一项旨在展示大学生创新能力、团队精神和在压力下编写程序、分析和解决问题能力的年度竞赛。经过近 30 多年的发展，ACM 国际大学生程序设计竞赛已经发展成为最具影响力的大学生计算机竞赛，被称为计算机界的“奥林匹克”。的确，ACM 需要长期的积累和长期的锻炼，加上现场的良好发挥才能取得好成绩。

由于 ACM 大学生程序设计竞赛能迅速提高学生的程序设计能力和团队协作水平，能有效提升学校程序设计教学水平和质量，促进校际间交流与竞争，近年来，ACM 大学生程序设计竞赛在我国得到了大规模的推广，各个高校都十分重视。本部分将简单介绍 ACM 竞赛及其在线测评系统。

1. 历史

竞赛的历史可以上溯到 1970 年，当时在美国德克萨斯 A&M 大学举办了首届 ACM 竞赛。当时的主办方是 the Alpha Chapter of the UPE Computer Science Honor Society。作为一种全新的发现和培养计算机科学顶尖学生的方式，竞赛很快得到美国和加拿大各大学的积极响应。1977 年，在 ACM 计算机科学会议期间举办了首次总决赛，并演变成为目前的一年一届的多国参与的国际性比赛。迄今已经举办了 34 届。

最初几届比赛的参赛队伍主要来自美国和加拿大，后来逐渐发展成为一项世界范围内的竞赛。特别是自 1997 年 IBM 开始赞助赛事之后，赛事规模增长迅速。1997 年，总共有来自 560 所大学的 840 支队伍参加比赛。而到了 2004 年，这一数字迅速增加到 840 所大学的 4109 支队伍，并以每年 10%～20%的速度增长。到 2010 年仅中国大陆就有几百所大学 4000 多支队伍参与其中。

2. 简要规则

各学校以团队的形式参加 ACM 竞赛，每队由 3 名队员组成。每位队员必须是入校 5 年内的在校学生，最多可以参加 2 次全球总决赛和 5 次区域选拔赛。

比赛期间，每队使用 1 台电脑需要在 5 个小时内使用 C、C++、Pascal 或 Java 中的任意一种语言编写程序，以解决 6～10 个问题。程序完成之后提交裁判运行，运行的结果会判定为正确或错误两种。而且有趣的是每队在正确完成一题后，组织者将在其位置上升起一只代表该题颜色的气球。

最后的获胜者为正确解答题目最多且总用时最少的队伍。每道试题用时将从竞赛开始到试题解答被判定为正确为止，期间每一次提交运行结果被判错误的话将被加罚 20 分钟时间，未正确解答的试题不记时。例如：A、B 两队都正确完成两道题目，其中 A 队提交这两题的时间分别是比赛开始后 1:00 和 2:45，B 队为 1:20 和 2:00，但 B 队有一题第一次提交被判为错误，第 2 次提交才通过。这样 A 队的总用时为 1:00+2:45=3:45 而 B 队为 1:20+2:00+0:20=3:40，所以 B 队以总用时少而获胜。

由于比赛是限时上机解题的方式，并实时更新排名，比赛现场气氛紧张激烈，结果客观公正，不易出现舞弊和炒作现象，所以比赛结果大家都比较认同。在 ACM 竞赛中取得较好成绩的队伍人员，一直是各大软件公司竞相聘请的对象。

3. 区域预赛和全球决赛

赛事由各大洲区域预赛和全球总决赛两个阶段组成。各预赛区第一名自动获得参加全球总决赛的资格。决赛安排在每年的 3～4 月举行，而区域预赛一般安排在上一年的 9～12 月举行。一个大学可以有多支队伍参加区域预赛，但只能有一支队伍参加全球总决赛。

全球总决赛第一名将获得奖杯一座。另外，成绩靠前的参赛队伍也将获得金、银、铜牌。而解题数在中等以下的队伍会得到确认但不会进行排名。

为促进 ACM 竞赛在河南高校的普及，自 2008 年开始河南省计算机学会仿照 ACM 国际竞赛的模式举办了河南省大学生程序设计竞赛，极大地促进了河南高校对 ACM 国际竞赛的了解和参与。河南高校从 2008 年正式参与该项赛事，目前河南高校在该项赛事中的最好成绩是亚洲区赛铜牌，相信在不久的将来一定会有所突破。

二、在线测评系统

在线测评系统（Online Judge，OJ）上有大量试题，只需要在在线测评系统上免费注册一个账号即可做题。

竞赛试题的涵盖范围很广，大致划分如下：简单题、计算几何、数论、组合数学、搜索技术、动态规划、图论和其他。

1. 国内外比较著名的 OJ 系统

浙江大学 ACM 网站（ZOJ）：http://acm.zju.edu.cn 是国内最早也是最有名气的 OJ，特点是数据比较刁钻，经常有你想不到的边界数据，很能考研思维的全面性。

北京大学 ACM 网站（POJ）：http://acm.pku.edu.cn 建站较 ZOJ 晚一些，但题目增加很快，人气很旺。

西班牙巴利亚多利德大学（Universidad de Valladolid）的 ACM 网站：http://acm.uva.es是世界上最大最有名的 OJ，题目多、类型杂、测试数据强。

俄罗斯乌拉尔大学的 ACM 网站：http://acm.timus.ru是一个老牌的 OJ，题目不多，但比较经典。

ICPC 官方网站：http://icpc.baylor.edu/icpc/上面会公布每年世界总决赛的排名及试题。

2. 适合入门和 C 语言练习的 OJ 系统

杭州电子科技大学的 ACM 网站（HDOJ）：http://acm.hdu.edu.cn，该网站功能全面，使用方便，论坛人气很旺，且为初学者提供很多简单题目，其 11 卷是专门供初学者入门的练习题，只需要有 C 语言基础即可。

郑州轻工业学院的 ACM 网站：http://acm.zzuli.edu.cn正在建设中，有 400 多道题，其中第 5 卷题目是配合 C 语言实践教学设计，现已用于 2010 级的 C 语言上机实验。

三、在线判题系统使用介绍

下面以郑州轻工业学院的 OJ 系统为例，介绍在线判题系统的使用方法。

1. 用户注册和登录

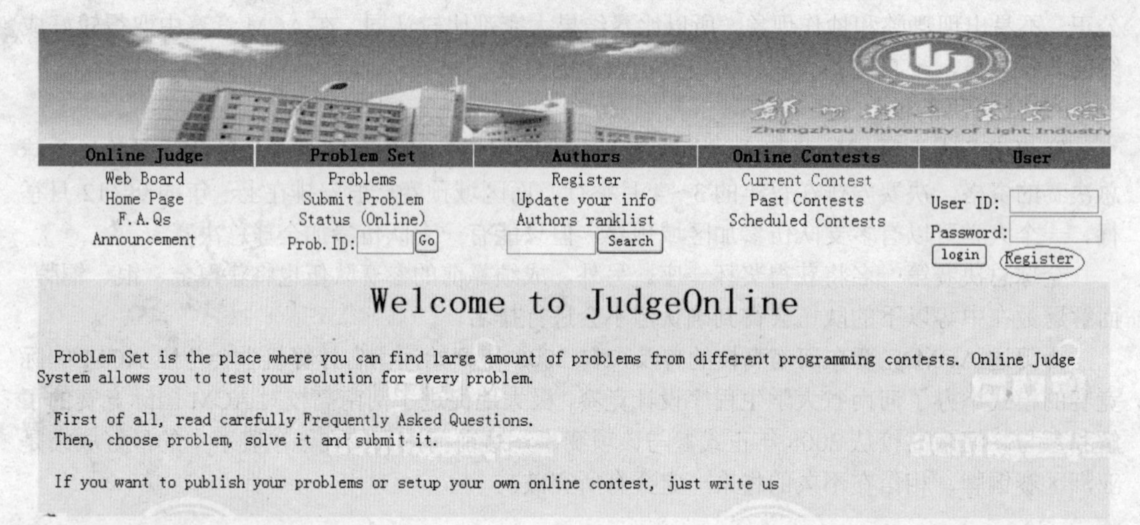

用户要单击窗口右上方的Register按钮进行注册，然后输入账号和密码，单击login按钮，进行登录。

2. 开始做题

（1）单击菜单栏第二列的“Problems”选项，可以看到题目。

Volume 1 2 3 4 5

Search TITLE and SOURCE: [GO]

ID	Title	Ratio(AC/submit)	Difficulty	Date
1000	A+B Problem	64%(354/553)	37%	2010-11-12
1001	Rails	38%(16/42)	65%	2010-8-22
1002	简易版最长序列	28%(46/166)	72%	2010-10-10
1003	成绩评估	40%(138/346)	61%	2010-11-12
1004	编辑距离	26%(27/105)	77%	2010-11-8
1005	两数组最短距离	44%(56/127)	59%	2010-11-9
1006	Box of Bricks	33%(22/66)	69%	2010-8-10
1007	IMMEDIATE DECODABILITY	25%(1/4)	75%	2010-8-2
1008	STAMPS	0/0	0%	2009-11-26
1009	Prime Cuts	57%(12/21)	43%	2010-11-8
1010	Uniform Generator	67%(6/9)	33%	2010-8-8

该题库共有5卷，每卷100道题目。初学C语言者可到第5卷做题。点开题目链接，可以看到题目描述及要求，例如，1000题内容如下：

题目名称：A+B Problem

Problem Description

Your task is to Calculate a + b.

Input

The input will consist of a series of pairs of integers a and b, separated by a space, one pair of integers per line.

Output

For each pair of input integers a and b you should output the sum of a and b in one line, and with one line of output for each line in input.

Sample Input

1 5

10 20

Sample Output

6

30

（2）编程。在 Visual C 中编写程序，调试成功。

（3）提交。单击第 1000 题网页下方的 Submit（提交）按钮，如图所示。

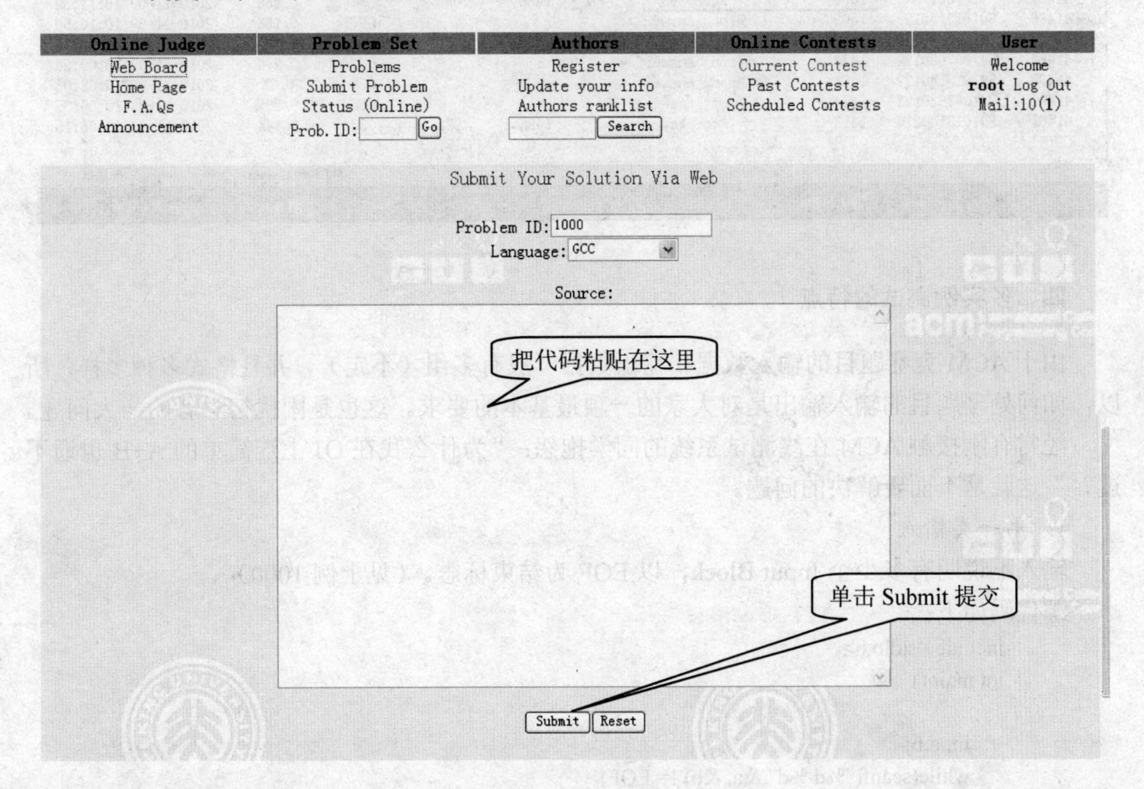

（4）提交之后会弹出处理页面，显示刚才提交的是否通过，如果 result 是 Accepted，则表明这道题做对了。

其他提示含义如下：

Presentation Error：格式错误，这是最接近 Accepted 的错误。

Wrong Answer：答案错误。

Runtime Error：程序运行时发生错误，多为数组访问越界。

Time Limit Exceeded：超时错误，程序运行时间超过限制的时间。

Compile Error：编译错误，源代码中有语法错误。

如果得到的结果不是 Accepted，可以修改后再次提交，直到 Accepted。所以 Accepted（简称 AC）成了学生眼中最美的单词，现在流行一个新的打招呼方式是：“你今天 AC 了吗？”

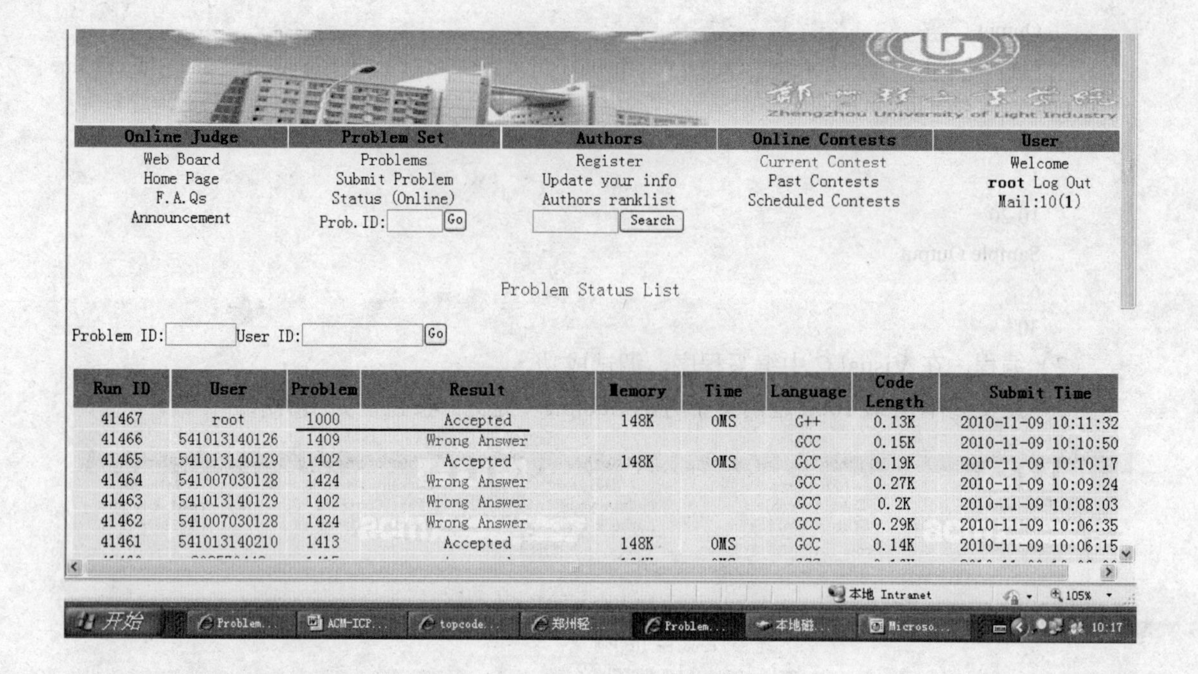

Run ID	User	Problem	Result	Memory	Time	Language	Code Length	Submit Time
41467	root	1000	Accepted	148K	0MS	G++	0.13K	2010-11-09 10:11:32
41466	541013140126	1409	Wrong Answer			GCC	0.15K	2010-11-09 10:10:50
41465	541013140129	1402	Accepted	148K	0MS	GCC	0.19K	2010-11-09 10:10:17
41464	541007030128	1424	Wrong Answer			GCC	0.27K	2010-11-09 10:09:24
41463	541013140129	1402	Wrong Answer			GCC	0.2K	2010-11-09 10:08:03
41462	541007030128	1424	Wrong Answer			GCC	0.29K	2010-11-09 10:06:35
41461	541013140210	1413	Accepted	148K	0MS	GCC	0.14K	2010-11-09 10:06:15

四、多实例测试的特点

由于ACM竞赛题目的输入数据和输出数据一般有多组（不定），并且格式多种多样，所以，如何处理题目的输入输出是对大家的一项最基本的要求。这也是困扰初学者的一大问题。

经常有刚接触ACM在线测试系统的同学抱怨："为什么我在OJ上连简单的A+B也通不过？"这就是下面要解决的问题。

1．第一类输入

输入不说明有多少个Input Block，以EOF为结束标志。（见上例1000）

源代码如下：

```
#include <stdio.h>
int main()
{
    int a,b;
    while(scanf("%d %d",&a, &b) != EOF)
    printf("%d\n",a+b);
}
```

该类输入的解决方案。

C语法：

```
while(scanf("%d %d",&a, &b) != EOF)
{
    ....
}
```

C++语法：

```
while( cin >> a >> b )
{
    ....
}
```

说明：

（1）scanf()函数返回值就是读出的变量个数，如：scanf("%d %d", &a, &b)；如果只有一个整数输入，返回值是 1，如果有两个整数输入，返回值是 2，如果一个都没有，则返回值是-1。

（2）EOF 是一个预定义的常量，等于-1。

2. 第二类输入

输入一开始就会说有 N 个 Input Block，下面接着是 N 个 Input Block。

Problem Description

Your task is to Calculate a + b.

Input

Input contains an integer N in the first line, and then N lines follow. Each line consists of a pair of integers a and b, separated by a space, one pair of integers per line.

Output

For each pair of input integers a and b you should output the sum of a and b in one line, and with one line of output for each line in input.

Sample Input

2

1 5

10 20

Sample Output

6

30

该程序源代码如下：

```
#include <stdio.h>
 int main()
 {
    int n,i,a,b;
    scanf("%d",&n);
    for(i=0;i<n;i++)
    {
      scanf("%d %d",&a, &b);
      printf("%d\n",a+b);
    }
 }
```

该类输入的解决方案。

C 语法：

```
scanf("%d",&n) ;
for( i=1 ; i<=n ; i++ )
{
    ....
}
```

C++语法：

```
cin >> n;
for( i=0 ; i<n ; i++ )
{
    ....
}
```

3. 第三类输入

输入不说明有多少个 Input Block，但以某个特殊输入为结束标志。

Problem Description

Your task is to Calculate a + b.

Input

Input contains multiple test cases. Each test case contains a pair of integers a and b, one pair of integers per line. A test case containing 0 0 terminates the input and this test case is not to be processed.

Output

For each pair of input integers a and b you should output the sum of a and b in one line, and with one line of output for each line in input.

Sample Input

1 5

10 20

0 0

Sample Output

6

30

该程序源代码如下：

```
#include <stdio.h>
 int main()
 {
     int a,b;
     while(scanf("%d %d",&a, &b, a!=0 || b!=0)
     printf("%d\n",a+b);
 }
```

该类输入的解决方案。

C 语法：

```
while(scanf("%d",&n) ! =EOF && n!=0 )
{
    ....
}
```

C++语法：

```
while( cin >> n && n != 0 )
{
    ....
}
```

五、将 ACM 在线测试用于 C 语言实践教学

传统的实验教学模式下学生的实验过程是难于为教师掌握的，而部分学生可能并没有真正的认真实验，只是简单地抄袭别人的实验报告，因此实验效果也就无法保证。而借助 ACM 竞赛平台后情况就完全不同了，教师可以随时了解每个学生的完成情况，分析学生的代码，及时解决学生的问题。同时学生也能相互查看彼此实验的完成情况，无形中在他们间形成一种互相竞争的状态，激发继续努力的劲头，形成良好的学习氛围。现在各个高校都相继建立了自己的在线判题系统。

1. 将OJ系统用于上机实验

上机实验可以采用比赛的形式，根据学生做题的数量和质量有一个动态排名，并且老师可以用管理员账号查看到所有学生提交的代码，可以对学生出错较多的题目集中讲解，也可以针对某个学生的错误代码进行单独辅导。

下图为一次上机比赛的排名情况。单击题目数还可以看到每个学生提交的源代码。

Home Page　Web Board　Problems　Standing　Status　Statistics　Award Contest

Contest Standing--网络电子10上级练习1

Set teams you concern:just check them and click the button.

Set It　Show all teams　Show concerned teams

☐Always show top 0 teams.

Rank	Nick Name	Accepts	Penalty	A	B	C	D	E	F	G	H	I	
☐ 1	黄亚雄	11	07:21:50	00:03:51	00:36:26	00:11:36	00:32:51	00:59:30	00:14:56	00:55:28 (-2)	00:25:07	00:48:35	00: (
☐ 2	张炎青	9	04:37:49	00:06:00	(-2)	00:11:46	00:17:54	00:21:42	00:24:56	00:27:32	00:36:09 (-1)	01:03:04	(
☐ 3	张振宇	9	07:20:59	00:23:58 (-1)		00:33:46 (-1)	00:15:20	00:19:47 (-1)	00:29:48 (-1)	00:49:51	00:39:12		00: (
☐ 4	段云哲	8	05:50:33	00:05:12	00:38:19 (-2)	00:20:16	00:24:02	00:28:47 (-1)	(-1)		01:03:40	00:51:11	00:
☐ 5	冯灿培	8	06:18:41	00:18:27	(-1)	00:24:59	00:30:48	00:43:38 (-2)	00:48:16	00:52:32	00:57:41	01:02:20	
☐ 6	郭玉超	7	04:19:55	00:05:51	(-3)	00:26:44	00:33:55	00:37:53	00:47:02	00:51:18	00:57:12		
☐ 7	陈安东	7	04:26:48	00:03:06	(-4)	00:24:08 (-1)	00:27:52	00:37:20 (-1)	00:39:58	00:44:17	00:50:07	(-1)	
☐ 8	罗飞	7	04:45:09	00:06:17	00:37:14 (-2)	00:25:56	00:31:03	00:36:38	00:44:34	(-2)	01:03:27		
☐ 9	汤耀华	7	04:50:11	00:07:12	00:19:42	00:33:03	00:41:17	00:48:25	00:56:10	01:04:22 (-1)			

单击题目数还可以看到每个学生的提交记录，例如，单击上图中的“11”，可以看到该同学的所有提交记录。

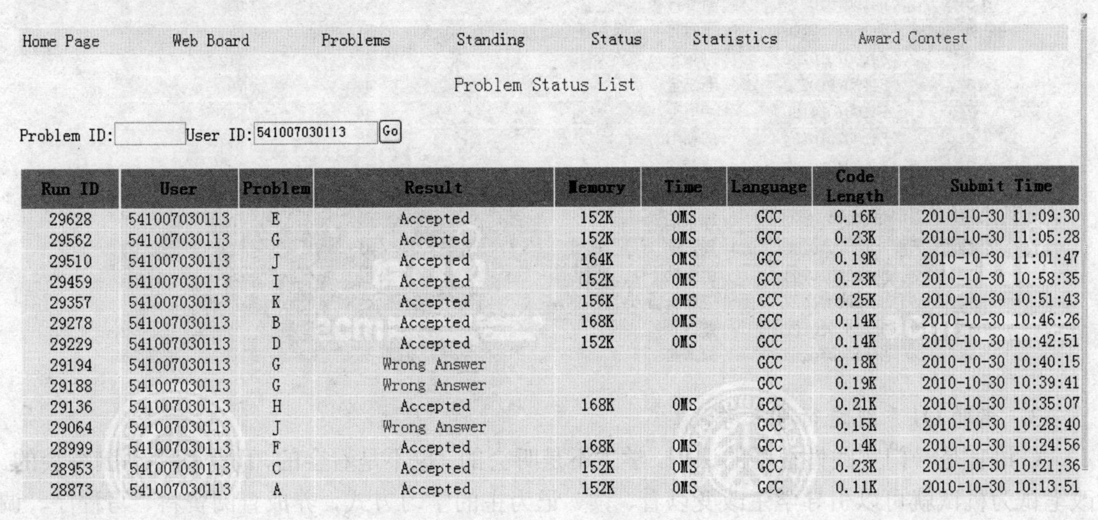

Home Page　Web Board　Problems　Standing　Status　Statistics　Award Contest

Problem Status List

Problem ID: User ID: 541007030113 Go

Run ID	User	Problem	Result	Memory	Time	Language	Code Length	Submit Time
29628	541007030113	E	Accepted	152K	0MS	GCC	0.16K	2010-10-30 11:09:30
29562	541007030113	G	Accepted	152K	0MS	GCC	0.23K	2010-10-30 11:05:28
29510	541007030113	J	Accepted	164K	0MS	GCC	0.19K	2010-10-30 11:01:47
29459	541007030113	I	Accepted	152K	0MS	GCC	0.23K	2010-10-30 10:58:35
29357	541007030113	K	Accepted	156K	0MS	GCC	0.25K	2010-10-30 10:51:43
29278	541007030113	B	Accepted	168K	0MS	GCC	0.14K	2010-10-30 10:46:26
29229	541007030113	D	Accepted	152K	0MS	GCC	0.14K	2010-10-30 10:42:51
29194	541007030113	G	Wrong Answer			GCC	0.18K	2010-10-30 10:40:15
29188	541007030113	G	Wrong Answer			GCC	0.19K	2010-10-30 10:39:41
29136	541007030113	H	Accepted	168K	0MS	GCC	0.21K	2010-10-30 10:35:07
29064	541007030113	J	Wrong Answer			GCC	0.15K	2010-10-30 10:28:40
28999	541007030113	F	Accepted	168K	0MS	GCC	0.14K	2010-10-30 10:24:56
28953	541007030113	C	Accepted	152K	0MS	GCC	0.23K	2010-10-30 10:21:36
28873	541007030113	A	Accepted	152K	0MS	GCC	0.11K	2010-10-30 10:13:51

[Top]　[Previous Page]　[Next Page]

单击每个提交记录的Language栏中的GCC或G++，可以看到其提交的源代码。

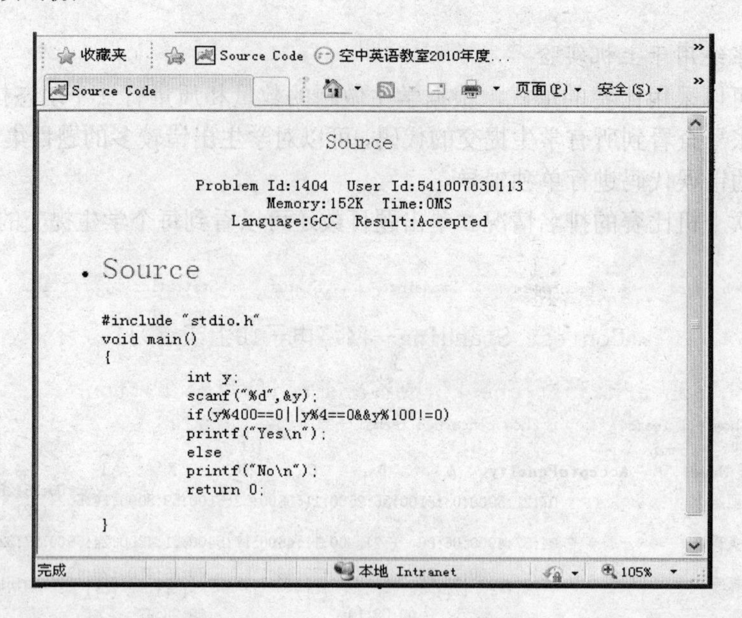

2. 可以掌握学生课余时间的练习情况

单击主菜单栏的Authors ranklist可以看到所有注册用户的总排名和做题数及做了哪些题目。在主页中 Search 文本框中，输入一个班学号的前几位，可以搜索到该班所有学生做题数的排名。例如计科 10 级的学号都是 54100701 开头，输入之后单击 Search 按钮，得到该班学生在 OJ 上做题总数的排行榜，如下图所示。

Search Result

No.	User	Nick Name	Solved	Submissions
1	541007010203	崔轩	65	119
2	541007010226	米磊	54	90
3	541007010213	靳梦丹	52	92
4	541007010105	丁世界	51	85
5	541007010222	刘培东	45	112
6	541007010230	石婉金	44	79
7	541007010125	卢勇	44	80
8	541007010204	房朝阳	43	69
9	541007010245	薛梦	43	70
10	541007010212	贾柯	42	77
11	541007010102	陈东东	42	108
12	541007010158	周东洋	41	61
13	541007010144	谢先斌	41	66
14	541007010237	王程	41	67
15	541007010127	蒙新	41	74
16	541007010254	赵[illegible]	41	77

3. 借助 OJ 系统进行期末考试

C 语言是一门实践性很强的课程，学生不是听会的、也不是看会的，而是动手动脑练会的。改笔试为机试就可以引导学生改变以看、读、记为主的学习方式，养成查阅资料、写程序、调试程序的学习方式。

附录三　C 运算符的优先级与结合性

<table>
<tr><th>优先级</th><th>运算符</th><th>含 义</th><th>运算类型</th><th>结合方向</th></tr>
<tr><td>1</td><td>()
[]
->
.</td><td>圆括号、函数参数表
数组元素下标
指向结构体成员
引用结构体成员</td><td></td><td>自左向右</td></tr>
<tr><td>2</td><td>!
~
++ --
-
*
&
（类型标识符）
sizeof</td><td>逻辑非
按位取反
增 1、减 1
求负
间接寻址运算符
取地址运算符
强制类型转换运算符
计算字节数运算符</td><td>单目运算</td><td>自右向左</td></tr>
<tr><td>3</td><td>*　/　%</td><td>乘、除、整数求余</td><td>双目算术运算</td><td>自左向右</td></tr>
<tr><td>4</td><td>+ -</td><td>加、减</td><td>双目算术运算</td><td>自左向右</td></tr>
<tr><td>5</td><td><<　>></td><td>左移、右移</td><td>位运算</td><td>自左向右</td></tr>
<tr><td>6</td><td><　<=
>　>=</td><td>小于、小于等于
大于、大于等于</td><td>关系运算</td><td>自左向右</td></tr>
<tr><td>7</td><td>= =　!=</td><td>等于、不等于</td><td>关系运算</td><td>自左向右</td></tr>
<tr><td>8</td><td>&</td><td>按位与</td><td>位运算</td><td>自左向右</td></tr>
<tr><td>9</td><td>^</td><td>按位异或</td><td>位运算</td><td>自左向右</td></tr>
<tr><td>10</td><td>|</td><td>按位或</td><td>位运算</td><td>自左向右</td></tr>
<tr><td>11</td><td>&&</td><td>逻辑与</td><td>逻辑运算</td><td>自左向右</td></tr>
<tr><td>12</td><td>||</td><td>逻辑或</td><td>逻辑运算</td><td>自左向右</td></tr>
<tr><td>13</td><td>?:</td><td>条件运算符</td><td>三目运算</td><td>自右向左</td></tr>
<tr><td>14</td><td>=
+= -= *= /=
%= &= ^=
|= <<= >>=</td><td>赋值运算符

复合的赋值运算符</td><td>双目运算</td><td>自右向左</td></tr>
<tr><td>15</td><td>,</td><td>逗号运算符</td><td>顺序求值运算</td><td>自左向右</td></tr>
</table>

参考文献

[1] 李英明，曹凤莲．C 语言程序设计上机指导与习题解析．南京：南京大学出版社，2007．
[2] 孟庆昌，牛欣源．C 语言程序设计上机指导与习题解答．北京：人民邮电出版社，2003．
[3] 谭浩强．C 程序设计题解与上机指导（第 3 版）．北京：清华大学出版社，2005．
[4] 夏宽理，赵子正．C 语言程序设计上机指导与习题解答．北京：中国铁道出版社，2006．
[5] 吕凤翥，张静波．C 语言程序设计习题解答与上机指导．北京：清华大学出版社，2006．
[6] 郑军红．C 语言程序设计上机指导与综合练习（第 2 版）．武汉：武汉大学出版社，2008．
[7] 赵骥，苑尚尊．C 语言程序设计上机指导与习题解答．北京：清华大学出版社，2009．